这是一些语言和心灵的钻石
在时光的沉淀和洗礼中
变得更加璀璨夺目
阅读吧
让它们闪耀在你的精神世界

新课标经典名著

昆虫记

（法）法布尔 原著

陈月 改写

南京大学出版社

目录
CONTENTS

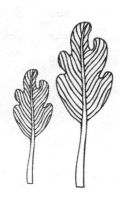

红蚂蚁

你知道吗，鸽子就算被带到几百里远的地方，也能自己回来；冬天结束以后，燕子能穿越浩瀚的大海从非洲回家。那么是什么在指引着他们呢？难道是视觉吗？图赛内尔是一个非常了解动物的观察家，他在《动物的才智》里这样认为，旅行者鸽依靠的是眼睛和气候现象的指引。他说："住在法国的那些鸽子知道那些气候的变化从哪里来，这些经验和知识引导它们的飞行。如果把一只鸽子放在篮子里盖起来从布鲁塞尔带到图卢兹，它也能感受到外面空气的热度，知道这是在往南走。到达后它们就开始自己往回飞，感受着温度的变化，几乎能准确地回到它们原来的家。"

但是图塞内尔的观点并不是在哪儿都能通用的，像猫咪在城市里穿行，石蜂们从深林里回家，难道它们也是依靠视觉吗？它们飞得那么低，看不了大面积的地形，视觉可以帮助它们躲避障碍物，但并不能指引它们往哪儿飞。气象就更起不了作用了，因为短距离的变化太小了。那么我们就只能这样推断：石蜂有着某种非常特殊的感应能力。达尔文也得出了这样的结论，动物实际上对磁性是有某种感应的。那我们人类呢？当然没有。要不然船上的水手就再也不用指南针了，他们自己已经是一个大指南针啦。

达尔文还认为：还有一种人类没有的神秘机能在指引着那些远离家乡的动物们。这多么神奇啊，真是伟大的发现！在"物竞天择，适者生存"这个自然法则里面，这该多么有用啊！可是为什么人类没有呢？如果人类和动物们都是从一个小小的原细胞发展而来的，在时间和自然的长河中，为什么那些低等生物击败了高高在上的人类，反而有这样神奇的能力呢？我们的祖先竟然丢失了这份神奇而宝贵的遗产，真是太不聪明了，这可比留着一把硬邦邦的胡子之类的强多了。

这种神奇的机能膜翅目昆虫身上是不是也有，并且起着作用呢？我们大家首先肯定会想到触须。触须里往往藏着许多解开秘密的答案。毛刺砂泥蜂在寻找灰毛虫的时候，把触须当成手指咚咚咚地敲地面，就这样发现了那些藏在底下的猎物，不过我们也不能说这就是触角给它作的指引，我们还要做更多的研究才行。

我齐齐地剪掉了几只高墙石蜂的触须，带它们离得远远的，到一个陌生的地方才把它们放掉，结果它们居然轻轻松松地就回到了自己的巢穴。我还对节腹泥蜂做过一样的实验，它们也是一样。所以我得出结论：触须并不具备指引方向的能力。那么是哪个器官在起作用呢？这我就不知道了。

　　我只知道那些被剪掉触须的石蜂就算回到自己的巢里也不能工作了。第一天，它们会悲伤地在那个还没有完工的蜂巢前面飞来飞去，哦，这个可怜的永远也不会竣工的小窝房，它们愤怒地把那些讨厌的不速之客赶走，但再也不能继续带回甜甜的花蜜和造房的工料了。第二天，它们干脆失踪了。没有了触须，它们就不能在筑巢的时候敲敲打打、测试、勘探，这可是它们建房的精密仪器啊。

　　到现在为止，我用来做实验的都是雌蜂，它们是忠诚的蜂巢捍卫者。那么雄蜂如果被带到陌生的地方会怎么样呢？我以为它们一点也不会在意原来的家，它们只是追寻着甜美的雌蜂追寻着爱情，到哪里都是一样的。不过我错了，雄蜂们也回家了！尽管它们只被带离了差不多一公里那么远，但这也已经非常了不起了，要知道它们可不常常出远门。白天它们顶多在花园里散散步欣赏一下花儿，晚上就躲起来睡大觉。

　　三叉壁蜂和拉特雷依壁蜂经常用石蜂丢弃的蜂巢来建筑自己的家，尤其是三叉壁蜂。经过实验，我发现不管是雄的三叉壁蜂还是雌的，都一个不落地回巢了。加上之前做的实验，我发现总共有四种昆虫有自己回巢的能力，它们分别是：节腹泥蜂、棚檐石蜂、高峰石蜂和三叉壁蜂。既然这样，我是不是可以很大胆地推测，其实所有的膜翅目昆虫都具有从陌生的地方回家的能力呢？在这方面，我要谨慎一点，你看，下面就有一个反例呢。

在我的实验室里有各种各样的实验品，了不起的红蚂蚁显然是最最著名的，它就像是骁勇善战的亚马逊人。不过它的人品可不怎么样，这种红蚂蚁自己不会养育孩子，也不会寻找食物，就算是周围摆满了好吃的，它们也懒得动一动手，一定要有人服侍它们吃东西才行，家务活当然也要别人帮着做，真是懒骨头。而且红蚂蚁们喜欢偷别人家的孩子，让它们做自己的部下。如果它们的邻居家遭到了劫祸，红蚂蚁就兴高采烈地去邻居家把它们的蛹偷回来孵化，等孩子出生就成了家里努力干活的佣人。

在六七月份烈日炎炎的午后，我常常看见这些红蚂蚁大军排起五六米长的远征队伍，一路浩浩荡荡、有条不紊，它们穿过花园，踏过草地，翻山越岭，要是突然发现有蚁巢的踪迹，大家都立刻兴奋地散开来，闹哄哄地挤成一团，准备作战。当然也可能只是一次小小的谎报军情，于是队伍就继续向前挺进。你见过蚂蚁大战吗？红蚂蚁大军如果遇到一个黑蚁巢，那可真壮观！侵略者们会立刻钻进黑蚁的蛹房，用不了多久就能带着战利品出现。但是黑蚂蚁们怎么能容忍自己的财产被强盗掠夺，当然要誓死保卫，可惜它们势单力薄，总是面临失败的无情打击。于是红蚂蚁大军就举着那些在襁褓里的蛹宝宝们满载而归。

我们的大强盗远征的路线完全取决于周围黑蚁巢的聚集数量。我只看到过一次红蚂蚁队伍走出花园以外的远征，一直走到远处的麦田里，它们坚毅又执着，不管什么路都走，但是返回的路线却是规划好了的。无论它们去的时候那条路有多么的艰险复杂，困难重重，就算回来会加倍辛苦和危险，它们依然固执地不愿更改。想象一下，红蚂蚁们刚刚从一堆厚厚的枯树叶堆里面穿过，那真是危险啊，它们随时会有掉下去的可能，很多蚂蚁肯定累极了，但是不管怎么样，就算它们背着沉重的战利品，也无法阻挡它们走原先路线的决心，就算很近很近的旁边就有一条非常好走的平路，它们也当它不存在。

后来有一天，我又发现它们出门去抢劫了，它们从池塘里侧那里绕过去，池塘里面都是金鱼，但不幸的事情发生了，呼啸而过的北风把好几条队伍刮到了池塘里，金鱼们马上游过来饱餐了一顿，队伍还没走远呢，就成了别人的食物。这条路这么危险，我想它们回来的时候一定不会走这里了，结果，它们依然从这里走！这下连同它们的战利品，让金鱼们第二次吃了个饱。

一定是因为它们怕自己不认识回去的路，才总是执意要走来时走过的路。毛毛虫如果从自己的家出发去寻找好吃的树叶子，一路上它会织一条长长的丝，回家的时候它就跟着这条丝走。这是好多出远门的虫子都会用的方法。当然，跟这些毛毛虫吐丝的方法不一样，其他的昆虫，像石蜂，就会用他们神奇的特殊感觉来为自己引导方向。

不过红蚂蚁虽然也属于膜翅目昆虫，我们也看到了，它们回家的法子可真不太聪明。很多人都觉得，它们认路的方法会不会跟毛毛虫很像呢，说不定它们在路上留下了自己的气味，就像做上标记一样。

对于那些人说的，蚂蚁是靠那个老是动来动去的触角辨别着气味来认路的，我可不能同意。于是我找来我可爱的孙女露丝帮我来跟踪它们的行动路线，她对蚂蚁的故事太好奇了，很高兴地接受了这项任务。一天，我正在书房里记笔记，露丝砰砰砰地敲我的房门，大喊着："快来啊，快来啊，红蚂蚁进黑蚂蚁的窝啦！"我问道："你知道它们走哪条路吗？"她说："当然当然，我都作了记号啦。"于是我赶紧跑过去看。露丝真聪明，在蚂蚁一路走过的地方都放了小石子，现在这些大强盗已经扫荡完毕正凯旋而归呢。我拿来一把大扫帚，在四个不同的地方，扫出一米左右的距离，把刚刚它们在经过的路上留下的粉末样的东西都清理掉，放上些别的东西。

当蚂蚁大军来到了第一个地方的时候，它们感到很奇怪，对这里感到很疑惑，又有点儿犹豫不决，不知道该怎么办，后来有几只勇敢的蚂蚁冒险开始走上那条我扫过的路，接着其他的蚂蚁们就跟在它们后面，一路依旧沿着小石子标记回到了自己的家。

通过这个实验我们可以知道，嗅觉在认路的时候起到了很大作用。在路被阻断的地方蚂蚁们都感到很困惑，但是它们后来还是原路返回了，看来是我扫得不够干净，还是有气味留在路上，所以下次做实验的时候要清理得彻底一些才行。

过了几天，我又有了一个新的好主意。露丝也再一次开始了她的任务，并且很快向我报告了它们的新征程，像上次那样用小石子作上标记。我开始行动了，这次我打开一根连着池塘的水管，强大的水流一下子把蚂蚁大军的道路给冲刷了个彻底，这下一点气味也不会留下了。水一直在流啊流啊，等它们回来，我就稍微关小一点，不过这对它们来说已经是一场大灾难了，它们拿着自己的战利品面对眼前这条大河，真不知道该怎么办，有的蚂蚁试图渡河，结果一不小心被水流卷走了，有的蚂蚁举着猎物小心翼翼地慢慢过河，还有的乘着草叶子做的小船，走上麦秆子搭成的小桥的也有，它们一个个都使出了浑身解数，看守着自己的战利品，终于渡过了这条凶险的大河。结果，它们仍旧是按照原来的路线回去了。

在这一次实验过后，我觉得一开始蚂蚁在路上留下气味的解释好像有点站不住脚了，也许我们该换个方法，如果地上真的有它们留下的味道，不如我们加上些更加强烈的味道把原来的气味盖住，会不会有用呢？于是第三次我在它们的路上擦上了薄荷液，还铺上薄荷叶子，你猜怎么样，这完全没有用，还是失败了。经过这几次的实验，我想，蚂蚁用留下的气味给自己引路的说法应该不成立。为了证明这一点，我们再来看看别的实验。

这次的实验我用了一张大大的纸铺在路当中，这次蚂蚁大军比前几次都要显得不知所措，经过很长时间的考虑和探索，它们才终于下定决心，冒险沿着原路走了过去。不过不要高兴得太早，前面还有我的另一个陷阱等着它们呢。我在它们来时的路上铺上了一层黄沙，这下地面的颜色变了个样，它们同样犹豫了一会儿以后，跨越了这个障碍。

我后来铺的纸张和黄沙全都盖住了原来的气味，看来并不是气味在引导它们的前进，是因为它们认出了眼前的景物和它们来的时候看到的不一样，因为蚂蚁个子太小了，即使是一点点的改变都会使它们觉得发生了翻天覆地的变化。当景物发生了变化它们就会慌张和犹豫，但是只要有几只蚂蚁能够认出对面有它们认识的熟悉的景物，它们的伙伴就会完全地信任它们，跟着它们一起走上原来那条回家的路。

很显然，光靠眼睛是不行的，它们还需要有非常强大的记忆力。那它们的记忆力好吗，是不是和我们人类差不多呢？先别急，让我来告诉你我看见过的事吧。有时候红蚂蚁们抢劫的蚁巢里的战利品会有很多，一下子不可能都运得回去，于是它们就会在接下来的几天里每天沿着第一次去的路去那儿搬一点，那条路我都做上了标记，它们一路上正是沿着那些标记出发，又沿着标记回来，一点儿都没有走偏。看，它们的记忆力是多么惊人啊！所以我们说，为这些勇猛的亚马逊人认路的就是它们的眼睛和非常强大的记忆力。

话又说回来，强大的记忆力如果是用在一个完全陌生的地方不是就派不上用场了吗？我们的红蚂蚁能不能像石蜂那样辨别方向呢？到最后能不能顺利地和大部队会合或者回家呢？为了解开这个谜题，我就守在红蚂蚁的蚁巢外边，当蚂蚁大军捧着战利品回来的时候，我把一片枯树叶伸到一只蚂蚁的前面，小心地让它爬上来，接着把它带到花园的南边。因为它们平时都在北边行动，对这边一点也不熟悉，当我把它放下来的时候，它嘴里紧紧地衔住自己的战利品像个无头苍蝇一样乱转，简直像待在冒着热气的锅上那样着急，于是它尝试着四处去寻找自己的伙伴们，可还是离它们越来越远了。你一定会问那后来怎么样了，它最后会放弃自己的战利品吗？这个我也不知道，谁会有耐心跟着它那么久啊。再后来我又做了一次一样的实验，把一只红蚂蚁放在北边它们熟悉的地盘，虽然一开始它还是有些茫然，但最后还是成功地归队了。

红蚂蚁尽管也属于膜翅目昆虫，但是它们并没有其他同类昆虫的那种辨别方向的能力，它们很容易迷路，只能记得住自己曾经到过的地方。石蜂就不同了，就算离开几公里远到一个陌生的地方，它们也认得回来的路。比较这两种很相近的昆虫，为什么一个有辨别方向的能力，而另一个却没有呢？这对昆虫来说是多么重要的一个特征啊！希望今后研究进化论的生物学家能帮忙解开这个难题。

　　我想我们刚刚已经知道了红蚂蚁们具有非常强大的记忆力，但是我们还要再做实验证明这种记忆力到底有多么的厉害，那些路它们只要走一次就能记住，还是要走几遍才行？这样的实验红蚂蚁们是不可能做到的，因为我们的大强盗出门去抢劫从来都是想怎么走就怎么走，我们不能帮他们作决定。看来还是求助其他膜翅目昆虫吧。

　　我选择的是蛛蜂。蛛蜂是捕蜘蛛和挖地洞的能手。在捕猎的时候，它会先使猎物瘫痪，然后把它们藏在草丛或者灌木丛高高的地方，自己去挖地洞。当然它也会时不时回来看看自己留给孩子们的食物安不安全，心满意足地拍一拍，用牙齿轻轻地咬几下，如果感觉到可能有失去的危险，就把它们藏得离自己开工的地方近一些。根据蛛蜂这样的行为，我准备来看看它的记忆力到底有多好。

　　当它离开猎物去挖地洞的时候，我把它的食物拿走，放在比原来位置高出半米的地方。等它自信满满地回来看食物的时候，发现猎物不见了，于是它四处寻找，焦虑地踱来踱去，心里充满了疑问，还不时地用触须拍拍地面，好像它就在下面。最后，它终于看到了它，吃了一惊，想马上去取，又迟疑着不敢轻举妄动，心里画满了问号：它真是我的吗？是死是活呢？不会有什么危险吧！虽然犹豫了一下，但它还是把蜘蛛占为己有了，这一次把它藏在了另一处草丛的顶端。我又一次取走了它，把它放在远处的空地上，这下我们看看蛛蜂会怎么做。原先的地方和第二个地方有可能会搞错，而且当时藏猎物的时候时间很短也很匆忙，可它一下子就直接回到了第二次藏猎物的地方，这里的情况非常准确地刻在了它的脑海里。当它再一次发现猎物不见的时候，就在周围不停地寻找，最后在空地上找到了它。接下来我又做了第三次的移动，它依然像前两次那样直接去藏猎物的地方，一点也不含糊，这么准确的记忆力真是令人叹服，好像只要扫一眼就能全都记下来，太了不起了。我们人类可没有它这么厉害。

在我的实验中还有一些别的结论，我想应该和大家分享一下。蛛蜂之所以能很快找到我移动到别处的猎物，是因为我把它放在了周围比较空旷的地方，当我把猎物放进一个小小的坑里，并用叶子盖住的时候，它就再怎么努力也找不着了。所以可以得到的结论是蛛蜂并不是依靠嗅觉来认路的，而是靠视觉。当然，它的视力其实也不是那么好，经常错过就在眼前的蜘蛛。

蝉和蚂蚁的寓言

　　我们大家都知道蝉吧，是啊，有谁会不知道它呢？在昆虫的世界里，它可是鼎鼎大名的歌唱家。在我们童年的记忆里，大人们教给我们关于蝉的诗句，当外面寒风凛冽的时候，可怜的蝉什么也没有，只能去它的邻居蚂蚁家借粮食，却遭到了无情的嘲讽：

　　　　原来你在唱歌啊！这真使我喜悦。
　　　　那么，现在去跳舞吧。

　　在成长的岁月长河里，这两句诗给孩子们留下了深刻的印象。也许很多人并没有听过蝉的歌唱，却都知道在蚂蚁面前，蝉永远是那个狼狈而楚楚可怜的模样。关于蝉的悲惨故事和它的大名气总是能在孩子的脑袋里面被永远地保留下来，后来成了寓言故事的题材：在冬天到来的时候，蝉总是要一边去向别人乞讨一些麦子，一边可怜兮兮地在寒风中寻找小蚯蚓和苍蝇充饥。不过实际上蝉并不会在冬天出没，当然那些食物也是从来不合它的口味的。

这些寓言故事里出现了许许多多的错误，像拉封丹的寓言故事在写蝉的时候，因为他从来没有见过蝉，没有听过蝉歌唱，而且兔子雅诺生活的地方是没有蝉的，他把蚱蜢当成蝉来写了。还有给拉封丹的寓言配图的画家格兰维尔也犯了一样的错误，在他的画里，蚂蚁被打扮成一个勤劳的家庭主妇，在家门口非常不屑地背对着可怜的乞讨者，那位戴着大帽子、弹着吉他的蝉完全是蚱蜢的样子，他也不知道蝉到底是什么样的。另外，拉封丹的这个小故事的主题实际上来源于另一位写寓言的作家的灵感，蝉的自私自利和受到蚂蚁的嘲讽历史非常悠久了。

这个故事是从希腊流传开来的，在这盛产蝉和橄榄树的国度，讲故事的人应该是对蝉有一定的了解。在我家乡的村庄里，没有一个人不知道冬天是没有蝉的，也看到过还是幼虫的蝉宝宝，它们是怎么慢慢地长大，爬到树上，褪去它们背上的壳，变成一只蝉，又从嫩绿色变成棕色的。既然大家都知道是怎么回事，当然也包括写故事的那个人，那么怎么会出现这么大的一个错误呢？看来这位希腊的预言家比拉封丹更加不能原谅，他并不用心去了解生活在他周围的真实的蝉，只是去讲书本里面的那种蝉，未免也太古板了。不过我们也不能过分责怪他，他其实也是抄袭了一个古老的印度传说：如果在生活里面不为未来打算，以后一定要吃苦头。印度人喜爱昆虫，是它们的好朋友，当然不可能犯下这种错误，那么我们只能做出这样的猜测：故事里面的主角不是蝉，而是一种跟蝉生活习惯比较接近的昆虫。

这个故事来源于希腊，经过漫长的岁月，在流传的过程中，很好地保留了原来的味道，也难免改动了许多细节，但它带给孩子无数的哲思和快乐。希腊没有印度故事里的那种昆虫，于是只好用蝉来代替，就像在拉封丹的故事里蝉又被蚱蜢代替一样，既然错误已经形成，也深深地刻在了孩子们的脑海里，那也是不可改变的事实了。

现在让我们来为这位受到寓言污蔑的歌唱家说句公道话吧。首先我必须要承认，蝉的确是一位很讨厌的邻居，它那高亢嘹亮的歌唱简直让人无法思考，头晕脑涨，什么事都做不了。天啊，它真是我的灾难！听说雅典人还特地把它们养在笼子里欣赏那样的歌唱呢，但对于我就是一种折磨。蝉啊，现在我在写你们的故事，你们能不能发发善心降低一点音量呢？

事实告诉我们，寓言家们是荒唐而滑稽的，并且描述的与实际恰恰相反。蝉从来不向任何人乞讨，反而是蚂蚁，贪婪的剥削者，它来到蝉的门前，狡猾地掠夺它的粮食，这个可耻的强盗。你也许不明白，这个问题到目前为止也很少有人知道，让我来解释一下吧。

在七月热得发昏的午后，太阳烘烤着大地，昆虫们都热得口干舌燥，蚂蚁已经筋疲力尽，四处寻找水解渴，而蝉呢，它优雅地用自己锐利的喙刺进多汁的树皮里面，酣畅淋漓地喝了个够，一边沉浸在歌唱的喜悦中，一边享受人生。接着，不幸的事情发生了，其他口渴的昆虫发现了这个往外冒着甘汁的宝地，陆陆续续全来了，善良淳朴的蝉于是好心地撑起一点身子，好让它们过来喝一点，没想到这些讨厌鬼急躁又没有礼貌，欲望驱使它们想把蝉赶走。最可恨的就是蚂蚁，它无休无止地骚扰着蝉，使劲浑身解数想让它离开，终于蝉放弃了，它无奈地朝它们撒了泡尿，走开了。如果以后再碰到这样的事，它们一定还会不管三七二十一毫不犹豫地凑过去猛吸上一大口。

看吧，和寓言里正好相反，贪婪而喜欢掠夺的是蚂蚁，善良而喜欢与人分享的反而是蝉。下面这个例子更能说明它们的反差。当蝉生命枯竭的时候，掉到地上，尸体被太阳烤干，蚂蚁就把它们肢解弄碎了当做粮食运回去。更多的时候是蝉还活着就被它们肢解了，蝉可怜地抖动着，呼喊着再等一等吧，再等一等吧，却无济于事，画面真是惨不忍睹。这才是蚂蚁的天性，残酷的肉食者。

蝉出地洞

夏天的时候我和蝉是邻居，我们离得很近，七月来临的时候它们就成了花园里的主人，它们在屋外头吵吵嚷嚷，趾高气扬，我也能得到机会近距离好好观察它们。

在夏至快来临的时候，第一批的蝉出现了。六月末，在花园小路上，出现了一个个像手指那么粗的小圆孔，这就是蝉幼虫来到地面上的出口，它们通常位于路边最干燥的地方，蝉幼虫们有锐利的工具，喜欢从最最坚硬的地方钻出来。于是我开始观察起它们来。

洞口是圆圆的，直径大概有两厘米半，洞的四周干干净净的，不像屎壳郎那样，洞旁边会有一个小土堆，那是因为屎壳郎是从上面往下挖，所以可以把土堆在旁边，而蝉是从下往上挖，不可能把土堆在家门口，因为它还没出来呢。

　　蝉挖的地洞大约有四十厘米深，基本上是垂直的，畅通无阻，洞壁四周很平坦，也看不到土堆，洞底是一个小穴，从这里直通地面。那么挖出来的那么多土上哪儿去了呢？而且地洞和底下的小穴是在松散的泥土中挖掘的，应该会很容易坍塌且洞壁很粗糙，可事实是怎么样呢？我们的蝉幼虫是一位聪明的工程师，它给洞壁涂上了一层黏稠的泥浆，这样就使它们变得坚固，怎么样也不会倒塌了。

　　你也许会认为，这个通道只是它们为了快点到达地面马马虎虎挖掘的，那么你就大错特错了。它是一座坚固的堡垒，是它为自己造的第一个家，你看看洞壁做得多么考究就知道了，而且这也是它的气象站，它需要在上去前首先知道外面的天气状况。因此它会花上几个礼拜或者几个月的时间来加固它的家，但是它也会留出一指深的土层把自己与地面隔离开来，这样它就可以躲在自己的小窝里休息，仔细聆听外面的变化。气候好的话它就钻出去，要是不理想，就回来继续等待。

　　但是令人感到奇怪的是，那些挖出来的土到底上哪儿去了呢？幼虫又是从哪里弄来的泥浆涂抹在洞壁上的呢？

　　有一些蛀蚀木头的昆虫，比如天牛和吉丁好像可以帮助我们解开第一个谜团。它们在树木里挖掘的时候会把挖出来的东西吃下去，经过消化再排出一些在体外，堆积在它们的身后，经过消化程序以后，这些排泄物会压得比木头更加紧实，这样它们就有足够的空间往前活动了，不过空间仍十分有限。那么蝉的幼虫是不是也是采取这样的方法呢？当然它们不可能吃土，那会不会被丢在了身后呢？

蝉的幼虫要在地底下待上四年的时间。它们当然不可能老是待在一个地方，也会因为食物或者气候的变化而搬家，那么毫无疑问，它们是会挖上一条地道，把那些挖过的土抛到身后的。只要一小块地方它们就能活动，那些松松的土也更容易被压得紧实坚固，以便留下更大空间。

其实真正困难的是，蝉幼虫挖地洞的环境非常干燥，泥土实在太干太硬了，很难压实，有一部分土被留在那些原来废弃的坑道是很有可能的，虽然还没有办法来证明这一点，考虑到压土的难度和需要的空间，把多余的土堆放在另一处不再用的空地方真的挺需要的。这些都是我的推测，并未很好地证明。那么让我们来更进一步地观察它们，也许会有新发现。

我们会发现，当蝉幼虫从干燥的地洞里钻出来的时候，身上几乎粘满了泥巴，我原先还以为它会是灰头土脸的。为了继续调查下去，我把一只正在建地洞的蝉幼虫挖了出来。幼虫的身体是白色的，眼睛又大又白，好像看不到东西，跟那些在外面的蝉反差很大，它们的眼睛乌黑发亮，炯炯有神。它的身体肿胀的厉害，充满了液体，只要轻轻抓住它，就有液体从尾部渗出来，也许是尿液也许是消化后留下的液体，我也不能确定，现在暂时称它为尿液吧。

聪明的人现在应该已经知道谜题的答案了吧，就是这种尿液。在前行的过程中，尿液使干燥的泥土变得湿润，调成泥浆，调的最稀薄的泥浆很快就渗入了地面的裂缝里，多余的就被它的身体压得紧实牢固，一条通道就这么挖成了。虽然蝉是喜欢干燥的，但即使以后它们成熟后不再需要挖地洞了，尿液仍然很有用，要是你敢靠得太近让它不高兴了，它就会毫不客气地向你射出一泡尿，然后逃之夭夭。

但是现在又有一个问题了，挖一条地洞工程量那么大，它身体里的尿液够吗，不够的话，上哪儿去补充呢？于是我小心翼翼地打开了几个地洞，发现洞底部的墙壁上嵌着一段树枝，深深地扎进泥土里，只有一小段露在外面，我想这应该是它特意去寻觅来的。在即将开始建造自己的城堡的时候，它就在附近弄来一段新鲜多汁的树枝，这就是它的水源，当它饱饱地喝上一顿，补充完水分以后，又开始继续努力地工作。虽然这过程没有直接的证据说明，但我们通过逻辑推理基本上能确定这一点了。

但是如果它身体里的液体已经枯竭，而又不能补充上水分的话，会发生什么呢？我抓住一只尿袋子已经干了的幼虫，不提供给他新鲜的树枝，把它囚禁在试管里，上面盖着十五厘米深的干燥泥土，想看看它在没有尿液的情况下，能不能钻出来。果然，三天过去了，它作出了很大的努力，但还是没能爬出来，虽然土松动了，但因为缺少液体的黏合，都散下来了，到第四天，它就死了。如果幼虫身体里本来就有满满的尿液那结果就不一样了，知道不能补充水分了，它们会非常节省地一点一点用自己的液体，把周围的泥土变得湿润，缓慢谨慎地挖地洞往上爬，尽管地洞没有原先那么考究宽敞，十五天以后，它终于钻出了地面。

蝉的蜕变

当蝉的幼虫从地洞里钻出来以后，幼虫就再也不需要壳了。它开始四处搜寻，一旦找到一个空中的支点，就立刻爬上一段枝干，两只前爪紧紧地勾在上面再也不松开，它需要好好地休息一会儿。

幼虫开始慢慢蜕变。胸的中部先从背后裂开，露出淡绿色的身体，接着前胸也裂开了，一直裂到后胸，头罩也随之裂开，露出红色的大眼睛。幼虫的身体开始膨胀起来，一个突起的东西在胸的中部鼓起，想撬开它的整个身体，外壳呈十字形裂开了。很快它的头，嘴和前爪都从里面出来了，后爪跟着也脱离出来，蝉翼皱巴巴的缩着，这第一个阶段前后只花了十分钟。接下来的第二阶段就要花久一点的时间了。现在只有尾巴还在里面，那个旧壳变得硬硬的挂在树枝上。

为了快点从里边抽出来，蝉垂直地翻了个身，头朝向下边，皱皱巴巴的蝉翼慢慢地伸展开来，接着它又使劲翻了一个身，头部重新朝上正过身来，前爪紧紧抓着空空的壳，总算把尾巴给抽出来了。一共花了半个小时的时间。

现在它像获得了新生一样，张开饱满湿润的蝉翼，不过它依然很虚弱，像个刚出生的宝宝，需要一个大大的日光浴，好好泡一个澡，让自己变得强壮起来。它身上的颜色变得越来越深，大约再过半小时，它就能完全变色。那个褪去的空壳子怎么样了呢？蝉壳质地异常坚硬，不管风吹雨打，总能保持原来的样子牢牢地挂在树枝上。

我们刚刚也看到了，蝉在褪壳的时候一共翻了两个跟斗，一次朝下，再一次是朝上以恢复原来的样子，这个运动需要把它固定在树枝上，用一上一下两个支撑点来帮助它。那如果没有这些条件，会发生什么呢？

为了做这个实验，我用线绑住若干幼虫的一条腿，头朝下把它们挂在空空的试管里。没有了树枝依附，很多幼虫或者只能艰难地挣扎，什么也做不了；或者做到一半就无法进行下去，最后死去了；更多的还是一点都没有蜕变就完整地死去了。只有少数几只能够保持平衡，成功完成蜕变。

接下去我又做了一个实验，我把幼虫们放在一个底部铺着黄沙的广口瓶里，因为玻璃面太滑了，它们只能爬来爬去，却无法竖起来，幼虫没办法进行蜕变就这么悲惨地死去了。

这两个实验告诉我们，蝉能够随着外部条件的变化而改变蜕变的时间，但是如果它们意识到已经没有希望在这样的条件里进行蜕变了，它们就会放弃抵抗，宁愿死去也不会裂开。

　　伟大的教育家雅克多曾经说过："万事万物之间，都存在着联系。"蝉的蜕变过程让我想到了一个关于烹饪的问题。希腊哲学家亚里士多德认为，蝉在希腊人眼里是一道非常美味的佳肴。在蝉幼虫挣脱外壳之前吃的话，简直就是人间美味。既然要在它们挣脱外壳之前找到它们，就应该在它们刚刚从地洞里爬出来的时候捉住它们，不早也不晚，稍微晚一点，它们的壳就会裂开了。对这件事我感到很好奇，难道真的像古代描述的那么美味可口吗？在七月份的一个早晨，骄阳炙烤着大地，正是幼虫们从地洞里爬出来的好时候，我们全家都出动了，开始寻找那些还没裂壳的幼虫，一找到它们，我就将它们浸到水里面使它们窒息，停止蜕变。找了两个小时，我们一共才找到四只。烹调的方法非常简单，当然是油炸，为了保持它们原来的美味，只放了一点点必要的调味剂。晚饭的时候，大家胃口都很好，一致认为吃还是可以吃的，只是它嚼起来太硬了，也没有什么汁水，就像嚼干的羊皮一样，我想亚里士多德肯定没有尝过油炸幼虫，我也不推荐大家再去做这样的尝试了。

　　我们这位老实的记录者也许不明白，这是希腊农民们的一个恶作剧，他们对蝉了如指掌，他们笑着说，蝉的幼虫可是美味佳肴，不过你得在它们破壳前抓到它们。你们也看到了，我们一家为了抓四只幼虫作了多大的努力。其实，那哪是什么美味啊，费尽艰辛抓来，吃下去才知道上当了。还有农民们说蝉可是一种神奇的净化药，可以治肾衰或者水肿，如果你的肾有一点小小的发炎，或者尿路不太顺畅，一定要马上服下这样的一味药。这听起来太好笑了，不过众所周知蝉的确有这一项武器，如果你要去抓它，它就会毫不客气地朝你撒一泡尿再逃走，大概这是让千百年来的人联想到吃了它可以利尿的原因吧，现在还有很多普罗旺斯的农民是这样认为的。

蝉的歌唱

在我家附近可以找到五种蝉：南欧熊蝉、山蝉、红蝉、黑蝉和矮蝉，前面两种蝉比较常见，后面两种就比较稀有了，连当地的农民都不太知道。其中南欧熊蝉最常见，个头最大，人们常常听到的也是它的声音。

我们来看看蝉是从什么地方发出声音的。在雄蝉胸前，紧靠着后腿下面的地方有两块宽大的半圆形盖片，右边部分微微地叠放在左边上面，如果把它们掀起来，就可以见到两个宽敞的空腔，在普罗旺斯大家叫它小教堂，当两个合并起来的时候就叫它大教堂。空腔的前部分是一块柔软细腻的乳黄色膜片，后部分是一层干燥的薄膜，如彩虹般绚烂，又像镜子一样。大多数人认为这就是蝉的发声器官，错了，它的发声器官是在别处，在一个一般人不太容易找到的地方。在两个小教堂外侧也就是腹部和后背交接的地方，在外壳上面有一个小小的孔，上面盖着一个叫盖，叫做音盖，这个孔呢，就叫"音窗"，它通向一个叫做"音室"的更窄也更小的空腔里，在它尾巴的地方有一个椭圆形隆起来的黑色小包，就是这个音室的外壁，周围长着银色的绒毛。如果我们在这个外壁上开一个洞的话，里面的发音器，我们叫做钹的器官就露出来了，它是一小片向外凸起的白色椭圆形薄膜，固定在四周坚硬的框架上面。这块薄膜在一凹一凸的运动变形过程中，就能产生清脆嘹亮的声音。

那么又是什么使这块薄膜形成这样的变形的呢？我们再来看看之前的大教堂，把小教堂前部分的乳黄色薄膜撕开的话，可以看见两根粗粗的呈 V 字形的浅黄色肌肉柱子，V字尖头的部分顶住腹部的中线那里，这两根肌肉柱子的顶端又延伸出一根又细又短的弦，两头各自连着音钹。这就形成了一个发声的机关了，两根肉柱子一伸一缩，一会儿使音钹变形，一会儿又恢复原来的样子，使发生片发声振动，接着声音就发出来了。如果你拉动一只死去的蝉的那个部位，一样能发出声音，它就好像复活了一样，只是声音没有那么大罢了。

同样的道理，你也可以把一只活的蝉变成哑巴。只要用一枚大头钉从我们叫做音窗的那个地方插进去，碰到音钹，轻轻地一刺，它就立刻变哑了，一点声音都发不出来。差一点忘了音盖，它是盖住音窗的盖子，当它盖起来的时候，蝉发出的声音就比较嘶哑微弱，当它打开的时候，声音从这里出来高亢嘹亮，老远的地方都能听见。

在天气炎热又没有一丝风的中午，蝉会把歌唱的时间隔成一段一段的，中间有短暂的休息。每一次都是突然间就响起来，音量越来越高，直到达到顶峰，又慢慢地减弱下去。它们安静与否跟天气也有关系。有时在特别闷热的傍晚，它们甚至一刻都不愿意休息，从早上七八点钟就开始辛勤地演唱，直到夜里八点钟才恋恋不舍地停止它们的演奏会。还好在阴天或者刮冷风的时候，它们会暂停自己的演唱事业。

第一种蝉是南欧熊蝉，第二种蝉个头只有它的一半，博物学家叫它山蝉，我们叫它"咔咔蝉"。它的歌声就像是这样"咔，咔，咔，咔"的一连串，单调又刺耳，真是令人讨厌的声音，尤其是当一大群山蝉一起唱起来的时候，比酷刑还要可怕。

山蝉的发声原理和南欧熊蝉基本上是一样的，不过它也有自己独到的地方使自己的声音别具特色。它没有音室也没有音窗，音钹就露在外面直接长在尾巴那里，同样是一块向外凸起的白色鳞片，上头有五根红褐色的脉络。从腹部那里伸出硬硬的簧片，又宽又短，一端可以活动，靠在音钹上使它振动发出嘶哑的声音。它的音盖是分开来的，而且隔得比较远，山蝉唱歌的时候总是一动不动，不像南欧熊蝉那样可以用腹部来调节声音的宽广度，相较之下山蝉的发声器官显得那么简陋，不过凭借这样的工具还是能够发出如此响亮的声音，真是太不可思议了。

不得不说的是，山蝉还有一项了不起的本领，它会腹语。把山蝉拿起来对着光，能够清楚地看到它的肚子前面三分之二的部分是透明的，我们剪掉那不透明的三分之一，这个剪掉的部分里面露出一个很大的空腔，在它的尽头可以看见两根牵动着肌肉的肉柱子，相互交错呈 V 字的形状，在这个 V 字的中间是一个深深的空洞，两头扇动着两片很小很小的薄膜。这就是它巨大的共鸣器，如果用手指压住那个刚刚剪开的口子，它的叫声就会立刻低沉下来；如果在那里放上一个圆柱或圆锥形的纸袋子，声音就会变得又响又尖，如果纸袋子调节恰当，它还能发出像公牛叫那样的哞哞声呢。山蝉声音嘶哑是因为它的簧片触碰到了正在振动着的音钹的脉络，那么声音那么响亮就要归功于腹部这个大音箱了。山蝉的音钹是露在外面的，所以只要用针尖把它刺破，就能立刻把它变成哑巴了。

下面我们来看看另一种蝉，红蝉。人们叫它红蝉顾名思义是因为它周身都是红色的。红蝉是非常罕见的，它发声的原理跟南欧熊蝉很相近，也是通过晃动自己的腹部打开或者关闭大教堂来调节声音的强弱，而和山蝉相似的地方是它也没有音室和音窗，音钹露在外面。

红蝉的音钹在后翅那里，白色向外边凸起，上面有八条很大的红色脉络，还有七条要短很多的脉络夹在那大脉络中间。它的音盖很小，只能盖住半个小教堂，在音盖凹陷的地方有一块充当气门的小小叶片，紧连着它的后腿，当抬起放下后腿的时候，气门也跟着一关一闭。另外它的器官比起其他蝉要更尖更窄一点。红蝉的歌唱也像南欧熊蝉那样喜欢抑扬顿挫，有间隔，不过可没有它们那样令人受不了，因为不够响，这大概是它没有音室的原因吧。

我从来没有见过毛蝉，倒是见过黑蝉和矮蝉，我还捉住了很多，让我来说说矮蝉吧。

矮蝉是我们这儿体形最小的蝉了，大约只有两厘米长，它的音钹是透明的，在上面有三根不透明的白颜色脉络，它也没有音室。它的两片音盖隔得相当远，使小教堂的大门老是敞开着，两片薄膜比较大，当它唱歌的时候也像山蝉一样一动不动的，所以它们唱的歌旋律都没什么变化，而且它们的歌声虽然单调、尖锐，但是轻轻的，绝不会打扰你。

好了，关于蝉的发声原理我就介绍到这里了，现在让我们来探索一下为什么它们要发出那么响的声音吧。有一个答案是被大多数人所认同的，那就是它们在求偶，召唤自己的爱人。那我们真的可以把这样的歌唱当作是为了呼唤爱情吗？我一直在怀疑这一点。蝉儿们都离得那么近，谁会为了吸引伴侣一连叫上好几个月呢？农民们说，在收割的季节里，蝉动人地歌唱是在为他们加油打气呢，它们大叫着"收割，收割，收割！"当然这些都是美好的猜想，但科学总是要求得到更精准的答案。昆虫的世界真是充满了一大堆的谜团啊！

我会产生这样的怀疑还有另外一个原因。那些对声音敏感的动物听觉大都十分敏锐，像是鸟儿，只要有一点风吹草动，它们就警觉地飞走了，但是蝉儿却完全不理会。蝉的视力非常好，它有三只红宝石那样的单眼，能将一切靠近它的东西尽收眼底，并警惕起来。如果我们避开它的五个视觉器官，无论发出多大的声音，说话也好，鼓掌也好，它都能若无其事、安然自得地继续沉浸在自己的歌声里。

为了解释这一点，我曾经做过一个非常有趣且非常难忘的实验。

我借来了我们小镇上的两门炮，把它们架在我家门前的梧桐树底下，为了防止炮声震碎玻璃，我们家所有的窗子都打开了。那里一共有六个人在场，我们都觉得这些蝉儿在炮声响过以后一定会安静一会儿，每个人都仔细地观察当时蝉的数量，辨别着它们发出的声音响度和间隔。接着震耳欲聋的炮声响起了，可是树上的蝉儿一点儿也没有受到影响，还是快乐地唱着歌儿。也许蝉是聋子吧，这个我不敢立刻下定论，不过它们的耳朵不太好使那是肯定的了。有句俗语用在它们身上再合适不过了，"像个聋子那样大喊大叫"。

昆虫真的是用叫声和歌唱来吸引自己的另一半吗？绝对不是的，经过大量的实验考证，当两个异性相互靠近时，反而是静默不语的。我认为这些喜欢歌唱的昆虫，是在用自己独特的方式表达自己对生命的热爱，传达着生命的乐趣，这并不会令人感到奇怪。只是现在这一点还没有被科学证实。

蝉的产卵及孵化

　　蝉喜欢把卵产在细小的枝条上，不管是什么枝条，只要是细小的，富有充足的木髓，枝上附着一层薄薄的木质就可以。它们绝对不会选择那些躺在地上的小树枝，它们中意的是那些处于自然状态的、垂直的枝条，最好是纤长而光滑的，那是它们的最爱。支撑蝉卵的枝条必须是完全干枯的，把卵产在那些有着红花绿叶新鲜枝条上的也有，不过是极少数。

　　蝉会在树枝上刺上一排小孔，从上往下倾斜着刺过去，把孔里面的木头纤维撕裂，往外拉，使它们看起来微微突起。要是树干的形状是歪歪扭扭的，或者有好几只蝉曾在那里产过卵，那些小孔看起来就会杂乱无章，难以分辨，不过看得出来它们是斜斜地排列的，说明蝉是直立着向下刺的。如果树干的形状光滑而规则的话，我们就能看到那些孔之间的距离基本上是相等的，呈一条直线的形状，数量有的多有的少，孔的间距也不尽相同。不过你不要以为蝉刺孔的数量是因为树枝的种类不一样决定的，其实这完全是蝉妈妈自己决定的，它想怎么产卵就怎么产卵。我测量过，从一个孔到另一个孔之间的距离平均是八到十毫米。

每一个刺出的小孔都是用来盛放蝉卵的，它们都很深，一直通到木髓的部分，当卵放进去以后，挑在外头的木头纤维就会重新合起来，盖住孔的地方。在刺孔的下方就是卵穴，几乎填满了。有时候两个孔之间的距离靠得太近了，排入不同小孔的卵到最后就连到一起去了，当然这并不常见。产在卵穴里的卵数目相差是很大的。我统计到的数据是，每个穴卵的数量从六到十五个不等，平均下来是十个，蝉妈妈一次彻底的产卵一共会用三十到四十个穴，这样下来，它的宝宝数量就在三百到四百之间了。

蝉为什么要产下那么多的后代呢，当然是为了应对各种各样的危险所带来的毁灭性灾难。实际上我认为成年的蝉并不比其他昆虫弱小，它们能够面对突如其来的危险，因为它们住在高处起飞很快又目光敏锐。尽管它们是麻雀喜爱的美食，但也并不是那么容易就能被逮住的。别忘了它们还有秘密武器，当麻雀靠近的时候，蝉就把尿液射到它们的眼睛里逃走。其实，蝉真正的危险时间是在产卵期和孵化期。

七月中旬的时候，蝉正好从地洞里钻出来，开始产卵，我做了一番精心的准备，期待看到它们产卵的过程。蝉妈妈开始产卵的时候总是喜欢独来独往，每只蝉占据一根树枝，不会争地盘，前一只蝉产卵完毕后，才会有另一只过来。它们尊重彼此的私人空间，绝对不会打扰对方。

产卵的时候蝉妈妈始终保持头朝下的姿势，它太专注于自己的产卵工作了，完全不理会周围的情形，所以我可以放心大胆地观察它。我看到它把大约一厘米长的产卵管全插进树枝里，它轻轻扭动着身子，尽量保持不动，肚子一胀一缩地把卵填进卵穴里，大约花了十分钟。当它把产卵管不紧不慢地抽出来时，孔旁的木头纤维就自动合起来，于是它继续往上爬，再刺一个孔，重复先前的行为。

我们在知道了它产卵的情况以后，大概就知道为什么产卵的时候它所刺的那些孔排列得那么整齐了。蝉虽然善于飞行，但是却懒得行走，做事又比较谨慎，它往上爬的那段距离正好就是产卵管的长度。一根树枝的每一个面都是一样的，那又为什么为产卵所刺的树枝上会有向左偏或向右偏的情况呢？那是因为蝉是非常热爱阳光的，它不能拒绝阳光直射带来的快乐，所以总是偏向有阳光的那一面。因为蝉产卵需要很长的时间，太阳的位置也随之发生改变，为了追随阳光的照射，那些刺孔也跟着向太阳歪斜过去，这就使得那一排刺孔变成螺旋状的弧线了。

有很多时候，蝉妈妈在产卵的时候也会遇到不幸，一种不知名的小飞蝇会跑来杀死这些卵。它们是黑色的，身长四五毫米，有多节的触须，腹部下方长着一个锋利的刺针，跟斑腹蝇有点像，只是不知道这个杀手的名字。它们是安静的，也是莽撞的，胆大包天，又毛毛躁躁，它们跟在蝉妈妈的身后，亮出自己的刺针，从蝉妈妈做的刺孔周围的裂缝里伸进去，将自己的卵注入到蝉卵里面，这样，这些强盗的宝宝就会取代蝉的宝宝活下去，那些可怜的蝉卵就成了它们的食物，把它们喂得饱饱的。

真是可怜啊，这些蝉妈妈！你太善良了，你敏锐的眼睛难道看不见这些无赖吗，它们那么小，只要跺跺脚就能踩死它们，挥挥手就能赶走它们，你太善良了，什么也不会对它们做。

我想再讲一下南欧熊蝉的故事。

在九月份还没有结束的时候，那些闪着象牙白光泽的蝉卵就慢慢变成了像小麦一样的金黄色。十月初，一对快活善良的眼睛出现在卵的前端，小虫子正在里面发育着。可惜我从来没有看到过蝉卵的孵化过程，这真的很难寻觅到。当我已经绝望的时候，把花园里那些有着许多蝉卵的阿福花树枝收起来，那天早上很冷，所以我生起了火，这些树枝就放在火的旁边，这时发生了意想不到的事情，整个蝉卵的孵化过程就这么呈现在我的眼前，那些幼虫十几个十几个地从卵穴里冒出来，使我喜出望外。

在卵穴洞口木头纤维被掀开一点的地方，突然露出一个圆锥形的小东西，嵌着两颗乌黑发亮的黑色圆点，难道一颗卵自己会移动，太神奇了，不过当我劈开这根树枝，才发现这些卵都已经空了，爬出了一个个像小鱼一样的小东西，体肤光滑，腹部有像鱼鳍一样的东西，它们微微摆动身体正从卵袋里艰难地出来，只是用尾巴向前进，四条腿裹得紧紧的像一个梭子也像一条小船，几乎不能派上用场。原来这些蝉的小生命是那么令人惊讶和赞叹，我该给它们取一个什么名字呢？就简单地先称它们为"原始幼虫"吧。

　　这种幼虫以这样的形态出生，是非常有益于它们从里面出来的，那些卵穴里面很小，路道很窄，几乎只能容许一只幼虫通过，所以它们必须耐心地排好队，那些排在后面的幼虫必须要踩着前面的幼虫退下来的空卵壳前进，这样出来的道路就显得比较艰难，如果它们刚开始就把自己的触须和脚都解放出来，而不是像现在这样裹起来，光滑得像只梭子那样移动，那么要想出来就难上加难了。

　　刚从洞口出来，原始幼虫便于移动的那身外衣就马上裂开了，它从前往后把衣服褪去，变成了一只普普通通的幼虫，那身脱掉的外衣就像丝线一样散开来挂在身上，它的尾巴还隐藏在那里呢，现在它心情好极了，沐浴着阳光，伸了伸懒腰，觉得自己棒极了。

　　这些小虫子起初是白色的，后来就慢慢地变成了琥珀色，它的触须很长，灵活地摆动，粗壮的腿关节和前爪一张一合，这就是将来要挖地洞的幼虫了。当一阵微风吹来，这些小家伙就在空中翻一个跟头，把身后悬挂着的外衣留在原地，利用丝线的保护顺顺当当地落到地上，开始它们美好而又残酷的新生活。它们实在太娇弱了，一阵微不足道的风都能把它们带入无边的危险之中，更何况在十月份这个潮湿又多雨的季节，刮狂风是常有的事。这些脆弱的小生命必须尽快找一块松软的土地钻入地下躲起来过冬，这是它们唯一能够自救的办法，但常常事与愿违，所以它们都是很快就会死去。

为了寻找第一个住所，大批大批的幼虫面临死亡的命运，这也是蝉妈妈产卵数量庞大的重要原因。为了观察蝉幼虫早期在地下的生活，我做了一个实验，为它们精心准备了一个豪华的住所。我把柔软的黑色泥土放在玻璃花瓶里，在上面种上了一小丛百里香，撒了几颗麦粒，接着把六只蝉幼虫放在了里面。刚开始它们在表面到处爬来爬去巡视，一点也没有钻下去的意思，在自然的条件下，土质往往没有像这里那么松软，因此幼虫们要经过跋涉、打探才能找到合适的地方进行开凿，看来现在它们只是例行公事罢了。最后它们终于安静下来，开始用前爪凿地，没一会儿，就钻下去没影了。第二天我再去看它们，它们已经全都钻到瓶子底下去了。那么，里面有那么多的根须它们有没有趴上去喝一口呢？很显然，在底下没有其他的食物，成年的蝉喜欢树枝的汁液，幼虫则喜欢根须的汁液，不过我并没有看见，看起来尽快找土地钻进去才是它们的首要任务。我把瓶子放在窗台上，让它接受外面天气的变化，不管是好还是坏。

过了一个月，我又去看它们，它们一个个比先前安静了很多，也没有趴在根须上，难道它们都没有吃东西吗？有一种叫西塔尔莞青的虫子就是这样，它的幼虫从卵中孵出来为止就整个冬天不吃不喝。看来这些蝉幼虫要昏睡到春天来临的时候，才将吸管插入临近的根须吸上第一口甜美的汁液。后来我再一次翻开了瓶子里的土堆，想证实之前作出的推断，可惜幼虫们全都死了，可能是被冻死的，也有可能是饿死的。

想要饲养和观察幼虫真是多么困难的一件事啊，可以推算出它们要在地下生活四年的时间，不过它们来到地面上开始在空中生活的时间却很容易估算，它们在空中的寿命是五个礼拜左右。

经过四年漫长的苦干和等待，换来的是一个月沐浴在金色的阳光下尽情歌唱，这就是蝉的生活。

螳螂的捕食

　　让我们再来看一看另一种昆虫，它和蝉一样有趣，它总是摆出一副庄严肃穆的样子，前爪伸向空中，就像人举着手臂在向上帝做祷告，所以在我们这里被叫做"祈祷上帝之虫"。在古希腊，它就被叫做"先知"和"占卜师"，它就是螳螂。

　　善良的人们啊，如果你以为螳螂就是儒雅的谦谦君子，那你就大错特错了，它的天性正好和它"祈祷上帝之虫"的美誉完全背道而驰。实际上它是一个凶残的杀戮者，它那用来"祈祷"的前爪就是它的凶器，每一个经过它身旁的生命都会遭到无情的屠杀。在昆虫界里它是一个例外，只吃活的猎物。从外形完全看不出一点它的可怕之处，一张尖尖的小嘴，柔韧灵活的脖子和头，在昆虫里面只有螳螂是可以控制自己的视线的，倘若看仔细一点，它看起来像是在对你微笑呢。

螳螂的前爪可不容小觑，髋长而有力，是捕食猎物的利器，大腿更长，内侧长着两排锋利的锯齿，一排有十二个齿，长短相交，长的是黑色的，短的是绿色的，交错的锯齿使螳螂抓猎物的时候更加有力，两排锯齿之间还有一个空槽，用来叠放自己的小腿。小腿也是一把双排锯，和大腿灵活地接在一起，末端处还长着一个强壮的弯钩，钩下还有一个细细的槽，槽上有两个刀片，就像我们平时见到的修剪树枝的剪刀。这个刀片我可是领教过了，一旦被它勾住就很难挣脱，只留下伤痕累累，使人几乎招架不住。在它休息的时候，它把自己的利刃收起来，安静地待着像在祈祷，看起来温顺极了。不过一旦有猎物经过，它就立刻露出了原形，长长的前爪一下子全部打开，就这么轻轻一合拢，一切都结束了，猎物不用幻想可以挣脱，只能绝望地等死。

要想观察螳螂最好是把它养在家里，这家伙只要有吃的，根本不在乎自己是在哪儿。我给我的俘虏们准备了十几个宽大钟形的金属纱罩网，盖在种着百里香的瓦罐上面，里面是沙土，这些罐子都被摆在工作台照得到太阳的地方。

首先我先来讲讲雌螳螂。雌螳螂的胃口很大，这几个月来，我几乎每天都要去给它们更换食物，而它们呢，就整天暴饮暴食，挥霍无度，一下就把猎物吃个精光，有的猎物只咬了几口就丢在一旁。我给它们准备的美味有活蹦乱跳的蝗虫和蚱蜢，有长着强壮大颚的白额螽斯，有吵吵嚷嚷的葡萄藤距螽，还有两个可怕的恶魔——体形庞大的圆网丝蛛和冠蛛，它们全都不好惹。但是当它们进入螳螂的领地时，我们的食肉狂就会毫不胆怯地朝它们发起进攻。不管对方多么誓死抵抗，最后都会沦为螳螂的美味佳肴。还有其他的昆虫像是蝴蝶、蜻蜓、大苍蝇、蜜蜂等等都是螳螂喜爱的猎物。螳螂的捕猎过程很值得讲一讲。

当螳螂看到蝗虫进入自己的领地，一下子兴奋地跳起来，立刻摆出吓人的姿势，转变的速度惊人，真是比闪电还要快。它张开鞘翅，斜斜的甩到两边，翅膀完全展开，高高地竖起来，腹部猛烈地抖动起来，还发出可怕的"扑、扑"的声音，像是一种警告，"我要来吃你了"。它骄傲地挺起自己的上半身，露出锋利的前爪，完全张开，交叉成十字的形状，腋下的花纹，用来显示自己的威猛，震慑对方。它就保持着这个姿势，监视着蝗虫的一举一动，气氛紧张而充满杀气。

这只受到了威胁的蝗虫显然已经意识到自己正身处险境，一个死神正站在自己面前，步步逼近，它是一个跳跃能手，完全可以马上跳开，去螳螂够不到的地方去，可它就是傻乎乎地待着不动。据说小鸟看到蛇张开嘴巴，就会吓得不敢动，忘记了飞走，束手就擒，看来蝗虫也是这样。于是螳螂慢慢逼近它，两把锯子收拢起来，紧紧地勾住它。可怜的蝗虫绝望地蹬着腿，无力地挥动自己的大颚，胜负已定，无力回天，接下是就餐的时刻。

一般情况下，螳螂很少摆出这种威慑对方的姿势，它只是把闯入自己领地的冒失鬼抓住就可以了，只有在面对比较有能力进行反抗的猎物时才会先用气势把它们震住，再轻而易举地把这些吓呆了的昆虫抓住。

在它摆出的这个奇怪的姿势中，翅膀起了很大的作用。螳螂的翅膀很宽大，呈透明色，只有边缘是绿色的，呈扇形，上面布满了横向和纵向的脉络，形成网格状。它的腹部在两翼之间卷起并剧烈地抖动摩擦着那些网格，发出"扑、扑"的声音。

翅膀对于雄螳螂可是必不可少的，为了完成交配的使命，矮小瘦弱的它们必须要在荆棘丛中流浪寻找配偶。翅膀可以用来飞行，飞行的最大距离大约是四五步路远。相对于雌螳螂，雄螳螂吃得少很多，也不会摆出威慑的姿势抓捕猎物。那么对于雌螳螂，翅膀的作用有些令人费解，因为它的体内有很多卵，雌螳螂看起来胖得离谱，所以它们飞不起来，只能爬或者跑，那么翅膀对它们来说有什么用呢？

我们可以看一看它们的近亲灰螳螂。雄性的灰螳螂能在草地和石块间迅速灵活地飞跃，而拖着满肚子卵的雌螳螂几乎不出远门，它们的翅膀则可以说没有发育，只留下一点点，这样的做法合情合理。所以说雌螳螂的翅膀并不是用来飞行的，而是用来捕猎的工具，雌螳螂是威猛凶悍的女将，在面对与它体形相当的猎物时，这张开的翅膀就是一面威风凛凛的战旗。

如果一只螳螂已经有好几天没有吃任何东西，处于极度饥饿的状态下，它只需要花去两个小时左右的时间，就可以把比自己体形大很多的蝗虫吃得一点都不剩。我总是想，那么多食物，它的肚子怎么装得下呢？那就要归功于它神奇的胃了，食物只要进入胃部就立刻被消化溶解了。看那些在金属罩里的螳螂进食也是非常有意思的事情，它们的嘴又小又尖但却能把整个儿猎物都吞下去，除了翅膀。在吃猎物的时候，它先从颈部下口，一只前爪抓住猎物的腰，另一只压住它的头，在裸露的颈部位置一口一口，细细地咀嚼，当颈部裂开一道大口子，猎物也就变成了一具不再反抗的尸体，接下来它可以想吃哪儿就吃哪儿了。

第一口先咬颈部的方法并不是螳螂的专利。现在我来介绍另一种昆虫——蟹蛛。蟹蛛不会结网捕猎，它们的丝是用来结卵袋的，蜜蜂是它们最喜爱的食物，有好几次我都看见蟹蛛抓住一只蜜蜂，咬住它的脖子。我不禁要想，蟹蛛和螳螂的捕猎方式如此相像，都是先从脖子入手，尽管蜜蜂的个头要比它大很多，也比它敏捷，还有毒针作为武器，如此弱小的蟹蛛是怎么捕获它们的呢？

我把一只蟹蛛和一束薰衣草放进一个网罩里，洒上几滴蜜，再放进几只活的蜜蜂。这些蜜蜂完全不把蟹蛛放在眼里，只是飞来飞去，有时喝上几口蜜，不知道危险正在等待着它们。而蟹蛛呢，只是静静的张开四条长长的前爪，做好了出击的准备。一只蜜蜂过来喝蜜了，蟹蛛抓住时机猛地扑上去，用毒钩抓住它的翅膀，长长的爪子紧紧地勒住它，过了一会儿，蟹蛛松开翅膀，一口咬住它的脖子，将自己的毒刺狠狠地刺进去，蜜蜂很快就一命呜呼了。于是蟹蛛痛快地吸饱了血，等颈部吸干以后，再换一个地方，慢慢地享受着自己的大餐，整个过程持续了七个小时左右，等血全部吸干了，它就把尸体抛弃了。

我们看得出来一旦颈部被咬，蜜蜂就很快会死去，这避免了战斗会持续很长的时间，因为长时间的战斗对进攻者会十分不利，而且蜜蜂力气很大也有毒刺作防护。

我们再回到螳螂的话题上来，螳螂也必须在短时间内制服它的猎物，不然那些乱踢乱蹬强有力的还长着锯齿的后腿。万一在它的肚子上划上一下，螳螂也就玩完了，所以必须要速战速决，而我们的捕猎者非常清楚猎物颈部的生理结构，从裸露的颈部进攻，撕咬那里的淋巴结可以很快使猎物瘫痪，反抗也会顷刻间停止，这样它就能慢条斯理地享用自己的美餐了。

从前，我把狩猎的昆虫分成麻醉猎物和杀害猎物两种方式，看来现在要再加上两条：蟹蛛，攻击对方的颈部；螳螂撕咬对方颈部的淋巴结，使其瘫痪。

螳螂的爱情

　　我们已经知道螳螂并不是看上去的那种善男信女，而是一个恶魔，一个可怕的肉食者，它还有一个更令人毛骨悚然的天性，那就是它们会冷酷无情地吃掉自己的同类。

　　为了缩减我大桌子上金属罩子的数量，我在同一个罩子下面放了好几只雌螳螂，也还算宽敞。不过同居一定会有危险，我的女囚犯们正挺着装满卵的大肚子，脾气可不太好，万一出现食物紧缺的情况，它们一定会大打出手的，所以我尽量保持食物的充裕。一开始还算相安无事，大家都在自己的范围里捕猎，随着卵巢里的卵串越来越成熟，临近交配和产卵的时节，就算不是因为雄螳螂，卵巢也会促使它们互相残杀。接着，一场场血腥的厮杀拉开帷幕了。

　　忽然之间，两只相距较近的螳螂不知为了什么原因，开始全面启动作战模式，挺起身子，高举起前爪，肚子摩擦着翅膀，发出"扑扑"的声音，吹响了战斗的号角。刚开始它们只是轻微地接触对方，还是以防卫为主，只要有一只受了点轻伤，战争就会结束，胜利的一方就会到别处去寻找猎物。不过大多数时候，战争不会就这么和平结束。悲惨的失败者！它们的同类会像吃其他昆虫那样，从颈部入口，坐在一边细细品尝着它的姐妹。多么残忍的昆虫啊！据说狼不会吃自己的同类，螳螂不管那些，就像我们有些人类有吃人肉的可怕爱好一样。

这还不是最骇人听闻的，让我们来看看它们的交配吧。我把成双成对的螳螂放在不同的金属罩子里，这样可以避免别人的打扰。当然我为它们都准备了充足的食物。

现在正好是八月底，于是瘦弱的雄螳螂开始向雌螳螂求爱，这个求爱者长久地凝视着它的心上人，保持着一动不动的姿势，等待着对象发出许可的信号，接着它慢慢地向雌螳螂靠近，用尾巴开始进行交配，可能会持续五到六个小时。然而雄螳螂实在是一个悲惨的可怜虫，一方面它被雌螳螂用来激活自己卵巢里的卵，另一方面它也是一顿美味的大餐。交配的当天，最晚到第二天，雄螳螂就会被它的心上人一把抓住，一口一口地细细咀嚼，最后只剩下一对翅膀。出于好奇，我很想知道雌螳螂在吃掉了自己的丈夫以后对待别的雄螳螂会有什么反应，结果真令我震惊。在它吃完自己的丈夫休息了一段时间后，只要有另一只雄螳螂出现，它还是会和它进行交配，并在交配完之后照例把它吃掉。在两星期内，我看到同一只雌螳螂竟然吃掉了七只雄螳螂，简直令人发指。

螳螂家族的其他成员也有这种雌性把雄性吃掉的恶习，这是它们的共性。我一直以为灰螳螂相对于普通螳螂要更加宁静谦和，也更善良，但是它们也是那么决绝地抓住雄螳螂，把它吃掉，残忍程度一点也不比普通螳螂逊色。雌螳螂只是把雄螳螂当成一种交配的工具，只要交配一完成，它就会厌倦对方，仅把雄螳螂当成是送上门的美味佳肴。

螳螂的巢

　　我们在看过了螳螂残忍凶险的爱情以后，还是来看看它好的一面吧。螳螂的巢可以说是一大奇观。科学上称之为"卵鞘"。它们存在于几乎任何朝阳的地方，石块、木堆、灌木枝，甚至人类的皮鞋、布块都可以，只要它的表面是凹凸不平的，可以粘住并固定住它的巢就可以了。

　　螳螂的巢一般来说长为四厘米，宽为二厘米，颜色是金黄的，如果放在火上，一下子就会燃起来，发出一股淡淡烧丝的焦味。实际上，螳螂筑巢的材料跟丝很接近，其形状也不确定，会随着支撑物的形状而改变，有圆的，有尖的，也有平的。无论哪一种，它的表面总是凹凸不平的。我们把整个巢分成垂直的三个部分，中间的一块由成对排列的小鳞片组成，像瓦片一样交叠，更狭窄一些。小鳞片边缘是悬空的，孵化出来的小螳螂就是从那里出来的，我把这叫做"出口"，当巢被废弃以后，这中间的部分就挂满了小螳螂褪下的嫩皮。

除了这个中间的部分，巢的其他部分都连接得特别紧密而坚硬，刚出生的小螳螂还比较虚弱，无法从里面爬出来。把巢横向切开的话，就会看到一个个像是核一样的卵，裹着一层多孔的厚皮看起来非常结实。螳螂卵被包在淡黄色的角质里头，一直连到出口那里，刚刚出生的小螳螂就从两个相邻小鳞片之间的空隙里钻出来。其实要描述螳螂巢的具体结构是很难的，我研究的重点是要亲眼看一看螳螂是怎样造出这么复杂的建筑物来的。

在自然的条件下，螳螂的巢是没有任何东西遮蔽的，所以它必须要经得起风吹雨打，严寒酷暑，正是因为这样，螳螂才会比较喜欢那些凹凸不平的支撑物，使巢能够达到最好的状态。在金属罩里，我只看到过一只螳螂筑巢的过程，这只螳螂太专注于自己的工作了，就算我拿镊子夹起它的翅膀想看看底下的情况也完全不会使它停下工作，但是它的动作实在太快，使我的观察受到了很多困扰。

它的腹部总是浸在一大堆白色的泡沫里面，我看不见里面是怎么样的。这是一团灰白色的泡沫，有一点粘粘的，几分钟后它会自己凝固起来，像螳螂巢一样坚硬。这些泡沫主要是由包含着气体的小泡泡组成的，所以它们能造出比自已大得多的巢来，这些气体来自于空气，螳螂排出一种黏性的物质，和空气一结合就形成了泡沫。接着它的腹部张开一道口子像一把勺子，不断地用这把勺子一张一合地搅拌泡沫，但是看不清浸在泡沫里的其他器官在做什么工作。

螳螂的腹部末端不停地颤抖，将两块裂瓣一张一合，左右摇摆，每做一次就在巢里产下一层卵，并随着划出的弧线前进，每隔一段时间就把尾部扎到泡沫里一次，很显然，它每扎一次就产下一层卵，不过这实在太难以观察了，所以我无法断定它是如何运作的，只能进行推测。

由于无法直接观察到详情，所以我猜想，在巢的核心部分，那些卵是浸在比外壳更加匀称的物质环境当中，它不用再利用空气合成，而是直接搅拌黏液使它起泡沫，当一层卵产下的时候，两个裂瓣就会立刻产生泡沫将它们裹住。由于泡沫的掩盖，这也难以证实。

在螳螂新建的巢上，出口处涂着一层细密多孔的物质，像白石灰一样，它们一旦脱落，出口就会立刻暴露，露出两排小鳞片。由于经常刮风下雨，这层材料迟早会脱落，所以一般旧巢上面看不见。科学证明，其实这层白色材料和巢的其他材料用的是同一种，是从同一个分泌器官中产生的。其次，这种雪白的材料的形成方式也更特殊一些，用的是一次又一次浮起在表面的白色泡沫，在底下的那些就比较黑，螳螂用尾部的末梢将上面白色的泡沫聚拢到背后，形成雪白色的涂层。

当我要研究巢的中间部分时就遇到了困难，我能看见的只有螳螂的腹部从上到下裂开，上端固定不动，下端左右摇摆打出泡沫，将那些卵完全浸没。上端一直浸在泡沫里，分开的两束向两边画出界限，我们之前提过，巢可以分为三个部分。可是那两行鳞片以及鳞片下面的裂缝是怎么来的，我无从知道，这要靠别人来回答了。

多么令人赞叹的工程啊，螳螂只用自己的器官和工具就造出了如此精良的建筑，就像人类借助机械造出了许许多多比手工制造更加完美和精良的东西一样。倘若我们从另一个角度来看的话，螳螂的巢还有人意想不到的更加高明的地方，它还将保温的效果发挥到了极致。美国物理学家拉姆福特曾经做过这样一个实验。他将一块冰冻奶酪用打成泡沫的鸡蛋裹住放入炉中加热，当他把这块鸡蛋饼拿出来的时候，发现其余的部分都已经熟了，但是中间那块奶酪依然是冰的。这是因为泡沫中的空气能够很好起到阻隔的作用，挡住了炉火中的高温，保护了冰冻奶酪。那么我们的螳螂是如何做到的呢？这个原理几乎和拉姆福特所运用的一模一样，将卵很好地保护在核中间。

在我家附近的灰螳螂是我唯一非常了解的螳螂，它们有时使用隔热泡沫有时不使用，这要看它们是否准备过冬。有时灰螳螂的巢外面之所以裹着一层厚厚的泡沫，只有樱桃核那么大，是因为它们也需要过冬。昆虫中还有一种最最奇特的锤头螳螂，体形和普通的螳螂一样大，筑的巢却和灰螳螂的差不多小。它们非常简朴，不会做多少卵房，巢也只做在露天的树枝或者石块上，没有泡沫层作为保护，因为那些卵在产后不久就会孵化出来，那时候天气并不寒冷。

螳螂筑巢的时候一般都是从圆而钝的那一边做起的，到尖细的一端结束，总共需要花费两个小时的时间。产完卵以后，雌螳螂就会毫不犹豫地离开，没有半点留恋，就算有敌人马上要撕坏这个巢，它也会冷漠地不予理会，它已经不认得这个巢了。

我先前说过，雌螳螂可能会和好几只雄螳螂进行交配，这就意味着它们可能会产很多卵，尽管这并不普遍存在，但也确实有这样的现象。在我饲养的雌螳螂中最多的筑了三个巢，第三个要小一点。一个正常的巢可以容纳大约四百颗卵，这么看来，筑了三个巢的雌螳螂总共产了约一千颗卵，这个家族的数量真是太惊人了。

相比之下，灰螳螂的卵就要少得多，一个巢里顶多只有六十颗左右。虽然筑巢的原理和普通螳螂相同，也是露天，但还是有一定差别的。首先，巢的体积要小得多，只有十毫米长五毫米宽；其次，结构的一些细节也略有不同。巢的背部呈人字形，两侧弯曲，没有出口处，也没有白色的涂层，整个巢裹在布满红棕色小气泡的发亮的外壳里。所有的卵呈核状被包裹在泡沫外壳里。灰螳螂也是在夜间筑巢，这不利于我们的观察。

由于螳螂的巢一般都比较庞大，筑巢的位置也不会刻意隐藏，因此很容易引起当地农民的注意，他们叫它"梯格诺"，但是并没有人确切地知道这些东西的来源，可能是因为它们在夜间建造的缘故吧。普罗旺斯的乡间药典还把这种叫"梯格诺"的东西当成是可以治疗冻疮的良药，只要把它切开挤压在患处就行了，这真的有用吗？

虽然大家都很确信，但我在自己和家人身上试过，没什么效果。可以说，它对任何人都没有什么用，可能是因为药和病的名字比较相似，在当地，人家管冻疮就叫"梯格诺"。在我住的村庄里，或者附近的地方，"梯格诺"还被说成是可以治疗牙疼的灵药。只要把它贴身带着就行了，把它虔诚地藏在衣橱的一角，或者缝进衣服口袋里。请不要嘲笑这样的偏方，它还在报纸上刊登过呢。16世纪一位叫托马斯·穆菲的博物学家还说，如果小朋友在乡间迷路了，可以向螳螂问路，它的前爪指的方向就是正确的道路，而且它们从不出错。不管是不是真的，这听起来还是非常美妙的。

螳螂的孵化

螳螂的卵一般是在六月中旬上午十点左右，在明媚的阳光中孵化。小螳螂只能从中间部分的裂缝即出口钻出来。小螳螂的形态和刚孵化出来的蝉的初始状态有点像，全身裹着薄膜，可以看见它又大又黑的眼睛，辨认出嘴巴和腿脚，它的身体呈船体的形状，也像一条没有鳍的鱼，它目前还不是和大螳螂体态相近的小螳螂，只是一个过渡的形态。这也和蝉一样，是为了跨越重重的阻碍，能很顺利地从卵巢里出来。

通过蝉和螳螂的例子，我从中得出一条规律：昆虫的幼虫并不一定直接从虫卵中而来，它们在孵化的过程中会遇到一些困难，于是就会出现一个过渡的状态，我称之为"原始幼虫"的形态，来帮助小虫子顺利地来到世上。

我们继续说下去。当原始幼虫钻出来以后，可以看到它的头部充满着体液，鼓胀起来，形成一个透明的水泡，这个水泡不停地跳动着，它的身体同时摇动着，每摇动一次，水泡就胀大一点，直到最后连着前胸的膜涨破裂开，它继续摆动、拉扯，使触须和腿脚也从鞘壳里面拔出来。现在这个小虫子身后只用一根破旧的细带子和巢连在一起，很容易就能挣脱。

灰螳螂孵化的时间也是六月份，我错过了观察它们的时机。我只知道下面的一些情况：灰螳螂的巢只有一个被泡沫塞住的小圆孔作为唯一的出口，时间到了，那些白色的小圆点就这么一个接着一个从里面出来了，虽然我没有亲眼看见，但我后来看到了地上被丢弃的薄膜，看起来它们也曾经裹在一层薄膜里穿越这狭窄的出口通道，灰螳螂也是有原始幼虫的状态的。

让我们再回过头来看看那些普通的螳螂，同一个巢里的卵并不是同时孵化的，而是分批出巢的，间隔的时间可达两天甚至更久一些，位于巢尖端的卵是最后产下的，反而孵化得最早。这可能跟巢的形状有关，尖端体积比圆的那端小，更容易接收到孵化所需要的热量。

有的时候，这些卵的孵化也会沿着整条出口处同时进行下去，那么你就会看到成群结队的小虫子闹哄哄的，拥挤着出来，手舞足蹈地开始挣脱外衣的束缚。它们只在巢上经过很短的停留就迫不及待地落下或爬上附近的植物，所用的时间不超过二十分钟，几天后就会有另外一批虫子出巢了。

一只螳螂可以产下几千颗卵，这对于对抗还处在喜爱吞食虫卵状态下的敌人是有必要的，我曾经看到过无数次凶残的杀戮，而蚂蚁对于消灭螳螂尤为热衷，它们无法进入螳螂巢这个坚硬的堡垒，所以它们在门口静静地等候着小虫子们自己从里边爬出来。一看到小螳螂出现，它们就立刻抓住它们的肚子，从里面拖出来咬碎。小家伙们几乎没有任何防御的能力，只能挣扎一会儿后成为别人的口中餐，很少有能够逃脱的。不过这段时间持续很短，只要小螳螂能从薄膜里出来，伸出自己的爪子和腿，显示出准备战斗的样子，那些蚂蚁们就不敢再轻举妄动，只能灰溜溜地走开了。

还有一种生物也是喜爱吞食小螳螂的食客，它可不把小螳螂的架势看在眼里，趴在它们出现的附近，用自己的小细舌头一口一个把这些小虫子卷进嘴巴里，每吞下一个，它就满足地眨一下眼睛，好像在说："就是这样，真好吃。"它就是喜欢趴在朝阳的墙壁上晒太阳的小灰蜥蜴。

你不会以为不会再有别的天敌了吧，还远不止呢！一种体形要比蚂蚁和蜥蜴都要小的小蜂科昆虫要更加阴险和可怕，它们把自己的卵产在螳螂的卵巢里面，不停地侵蚀着这些螳螂卵直到被完全蛀空。

我收集了一些幸运地逃脱、没被杀死的小螳螂，把它们养在金属罩里，该用什么来喂养它们呢？一开始我拿来了一根爬着绿色蚜虫的玫瑰花枝，我想这个蚜虫肉嘟嘟的，肉质鲜嫩肥美，正适合这些刚出生的小家伙们，可它们一下都没碰。于是，我又换成一些小苍蝇，把苍蝇的碎块四散开来放在各个地方，它们依然没有接纳。也许它们像成年的螳螂那样还是比较喜欢蝗虫吧，经过一番的搜索，我终于弄来了一些刚出生的小蝗虫，这下小螳螂会去吃它们吗？答案是：不会，在这些小猎物的面前，它们吓得逃之夭夭了。

我实在搞不明白它们到底要吃什么，再不进食，眼看就要饿死了，我又想难道它们在这个时候是喜爱吃植物的？因此，我拿来一些新鲜的莴苣叶子，选取最嫩的菜心，可是还是同样遭到了拒绝。这次失败的实验告诉了我们小螳螂在刚出生的那段时间会吃一种特殊的食物，就像莞青幼虫一样，它们会吃一种蜂类的卵作为最初的食物，对于小螳螂我目前还没有发现，不过不管它们吃的是什么，我都不会感到惊讶的。

我们看到了螳螂的孵化会受到如此多敌人的残害，面临如此多的危险，一只雌螳螂能产下的一千颗左右的卵中，最后能够存活下来的只有两只，而能够繁衍后代的只有一只。那么它们会不会因为蚂蚁和其他天敌的屠杀而越来越多地在巢里产下卵来抵消这样的危险？在今天它们能产下这么多卵难道曾经遭受过大量的残杀？不过很多人把原因归结为环境的因素。

在我家的窗外长着一棵高大的樱桃树，四月份的时候开出白绸缎般令人赏心悦目的美丽的白花，看起来像是皇帝的华盖，花瓣纷纷落下的时候，整棵树开始下起"雪"来。没过多久，樱桃成熟了，真是繁茂啊，树上结满了甘甜可口的果实，引来了叽叽喳喳的麻雀，就连翩翩的蝴蝶也来吸上一口蜜汁，金龟子吃得肚子圆鼓鼓的开始呼呼大睡，胡蜂咬碎脆嫩的外皮，贪婪地吮吸流淌的甘露，随后小飞蝇也赶来享用它们留下的美味，还有一条胖乎乎的蛆，安然自得地住在这个充满了丰美甜汁的乐园里，把自己养得又肥又壮。樱桃掉下来的时候，又成为了一些住在地上居民的食物。慷慨的樱桃树养育了多少生命啊！

樱桃树每年能产下无数的种子，但是并不是每一颗种子都能长成一棵樱桃树的，不然的话世界上就到处都是樱桃树了。难道我们能够说是为了应付越来越多的掠食者，樱桃树才逐渐变得多产起来吗？没有人会得出这样的结论吧。实际上樱桃树是一个大大的加工厂，能把养分转化成有机物，绝大多数的果实都用来造福其他的生物了，只有一小部分的种子是用来传宗接代的。

一开始对有机物进行转化结合的是植物，接下来才是动物，不管是现在还是在地质时期，植物都以直接或者间接的形式，为更高等的生物提供食物，动物接着食用了它们，又成为更高一级动物的食物，比如草被羊吃了，羊被狼吃了，狼又会被人给吃了，这就是生物链。

　　还有一些含有丰富的养分的小颗粒没有转化成有机物的能力，所以要借助动物的帮忙才行，就像植物吸收了矿物把它转化成有机物一样，其中最多产的就是鳕鱼，一条鳕鱼能产下上百万颗鱼子，而它们如此多产的原因，是为了养活更多的生物。螳螂和鱼很相似，它产下如此多的卵不也是这个道理吗，为自然界作出了多大的贡献，养活多少饥饿的生命啊！你看，泥土滋养了草，草被蝗虫啃食，螳螂又把蝗虫吃掉产下一千颗卵，然后数量庞大的卵又会被蚂蚁吃掉大部分。这还没有结束，那些在茧里没有被孵化的小蚂蚁是雉鸡的最爱，雉鸡在被人类养肥了以后再放到树林里，人们开始兴高采烈地去猎杀它们，这真是一场荒谬的杀戮啊。我宁可人们去进行一次正儿八经的捕猎，譬如被普罗旺斯人称作"伸舌头鸟"的蚁鴷，它们用自己湿润的长舌头压在一群蚂蚁的身上，再趿溜一下猛地收回去，开始咀嚼满口鲜美的蚂蚁大餐，靠这样的捕猎技巧，这些蚁鴷一个个都长得很胖，全身都是肉，所以如果把它烤来吃的话，味道异常鲜美，可比雉鸡好吃多了，雉鸡的肉味太浓烈了，通常要等它刚开始腐烂一点的时候吃味道最好。

　　有时候当我一个人的时候，不知道为什么，那些螳螂、蚂蚁、蝗虫总是会突然之间闪入脑子里，带来很多的灵感，这些可爱的昆虫们以自己的方式为思想的灯花添上了自己的一滴香油。

绿蝈蝈儿

　　正值七月中旬，炎热已经到来，高温天气持续了有好几个礼拜了。夜晚，村子里的孩子们围着篝火欢快地跳起舞来。时间已经有些晚了，蝉儿停止了歌唱，整个白天它们都沉浸在自己愉快的歌声中，此刻它们感到疲倦极了，该休息了，为明天的再一次表演养精蓄锐。突然，从茂密的梧桐树叶深处传来一声惨烈的尖叫，伟大的歌唱家在此刻提前终止了自己的演唱事业，它在睡梦中惨遭凶恶的捕猎者——绿蝈蝈儿的毒手，这是它发出的最后一声高音，也是一场凄惨的哀鸣。绿蝈蝈儿猛地扑上去，以迅雷不及掩耳的速度将蝉抓住，开膛破肚，全部掏空。在享用了一顿大餐以后，我们的捕猎者开始愉快地演奏起来，一场庆功音乐会热热闹闹地办起来，这声音类似于滑轮的响声，又好像干燥的薄膜摩擦发出的细微的沙沙声，在这些低哑的声音伴奏下，不时又会响起一阵急促尖利的响声，像是金属之间撞击的声音。尽管在我家附近有十来位演奏家，但是它们的声音并不像蝉那么大，没有蝉那么扰人。

虽然绿蝈蝈儿名誉很好，但怎么也比不上它的邻居铃蟾，那位静静地敲着铃铛的蟾蜍演奏家。我家周围差不多能听到十多只蟾蜍在演奏，每一只都有自己特殊的音调，有的高亢一些，有的低弱一些，虽然一成不变，但听起来都十分美妙，甚至是沁人心脾。这支两栖动物组成的合唱团让我想起了一种琴乐器。那是在我六岁的时候，对声音有一种奇妙的向往，那种琴只要用两根橡皮筋包在木头片上就完成了，一个年轻的新手乐师杂乱无章随心所欲地弹奏起来，就跟我们的铃蟾合奏的声音差不多，你能想象吗？

然而这些柔和的铃声从一个隐秘的角落传向另一处，实际上是雄铃蟾在向雌铃蟾发出爱的讯号。我们无法见证它们的婚礼，在交配完之后，雄铃蟾，没错，是爸爸，它把自己的孩子，一连串胡椒籽大小的蛙卵，裹在后腿四周，它要去一个温暖的地方——附近的沼泽地孵化宝宝。虽然讨厌潮湿和阳光，但是铃蟾爸爸还是坚持来到了沼泽地，一到达，它就迫不及待地跳进水里，那些小蝌蚪就在落入水中的一刹那冲破卵壁孵化出来了。

在七月暮色中演唱的音乐家中，只有一位的铃声能够与铃蟾相媲美，那就是角鸮，它长着一双金色的圆眼睛，样子十分优雅，人们也叫它"小公爵"，又因为额头上竖立着两根羽毛小角，所以也叫"长角的猫头鹰"。它总是在寂静的夜空下对着月亮歌唱，可以连续好几个小时发出单调的"绰——绰——"的叫声。与角鸮轻柔的声音形成对比的是普通猫头鹰的声音，类似猫叫，这是雅典娜的沉思之鸟，白天它们躲在橄榄树的树洞里睡觉，等到夜幕降临的时候，它们醒来，开始进行一场长途跋涉，蜿蜒曲折地飞行着，像荡秋千一样左右摆动，用类似猫叫的声音不和谐地加入到这场大合唱中。

还有一种昆虫，尽管发音器官跟绿蝈蝈儿很相近，体形略小一些，但是在抒情方面可比它强太多了。它就是细瘦又苍白的意大利蟋蟀。它那纤细的身体主要是由一对云母片般闪亮而细薄的大翅膀构成的。它就是用这对干燥的翅膀发出尖利的鸣叫的，听起来像是普通黑蟋蟀的声音，但要比它们更加响亮，也更丰富。很多人会把它们俩混淆，这也在所难免。

在我家附近的居民当中，绿蝈蝈儿其实并不多见，去年，我想研究它们但很难得到，是托了一位守林人才从拉嘉德高原弄来了两对，那是一个长满山毛榉的寒冷地带。真是造化弄人，今年夏天在我家的花园里，居然到处都有绿蝈蝈儿的踪影，我赶快抓住这个机会来研究它们。

从六月份开始我捉到了足够数量的绿蝈蝈儿，把它们安置在金属罩下面，底下铺着细沙，它们可真漂亮，身体呈淡绿色修长匀称，身体两侧还有两条白色的带子，大大的双翼薄如轻纱，应该是昆虫里面最优雅的了，我都被它迷住了。现在我又遇到喂食的麻烦了，直翅科昆虫有在草地上咀嚼反刍的习惯，于是我给它们喂莴苣叶，但是吃得少得可怜，很快我就意识到它们也是肉食者。那是一次偶然的机会，黎明时分我在自己家门口踱步，突然听到树上传来一声蝉凄厉的叫声，我马上跑过去一看，一只绿蝈蝈儿正在吞食一只蝉，撕扯着蝉的内脏，一口一口地嚼着，任凭蝉如何地挣扎都无济于事。后来，我又看见过多次这样的杀戮。我甚至看到过蝈蝈追捕蝉的过程，虽然它的个头儿没有蝉大，但是凭借有力的大颚和锋利的钳子，蝈蝈能像老鹰在空中追捕云雀那般轻而易举地抓住蝉，再将它开膛破肚，然后大嚼特嚼一番，蝉却完全没有反抗的余地。捕蝉的关键是要将它制服，夜晚相对于白天要容易得多，因为那时蝉都在睡觉，这就是为什么夜晚总会有惊恐的尖叫从树上传来，那是一场悲剧的开始，也是结束。

就这样，我知道了蝈蝈喜欢的食物，很快这个金属罩里就成了停尸场，到处都有蝉的遗骸，一般来说只有蝉的肚子被掏空了，看来这里的肉质是最好的，其余的部分都被随意丢弃了一地。事实上那个部位正好是蝉储存从树枝中吸取的甜汁的地方，难道蝈蝈喜欢吃甜食？

为了丰富一下它们的饮食种类，我又给它们添加了一些甜甜的水果，如葡萄、梨子等，它们吃得津津有味。不过并不是任何时候它们都能吃到这种甜味食物的，在没有的情况下它们应该还有其他的选择。

为了证明我的想法，我给它们送去了一些绒毛金龟，蝈蝈儿们毫不犹豫地接受了我的馈赠，第二天肚子也被掏空了。看来蝈蝈儿们酷爱吃昆虫，尤其是那些没有坚硬的外壳作为保护的昆虫，当然，吃完这些荤腥，它们也不介意来点甜甜的素食平衡一下营养。

即使是这样，绿蝈蝈儿之间还是存在着同类相食的现象。在我的金属罩子里我虽然没有见过它们之间像螳螂那样互相厮杀，但是就算在食物充裕的情况下，活着的蝈蝈儿也会去吞食同类的尸体。除此之外，它们在我的金属罩子里相处还算平和，没有发生过什么严重的纠纷。顶多为了食物而稍稍有些对立，它们都很自私，不愿意与同伴分享食物，我刚投入一片梨就有一只蝈蝈儿跳上来，其他蝈蝈儿如果想靠近一起食用，它就对它们拳打脚踢的，直到自己吃饱了，才肯让位，它们必须轮流进餐。一天中大部分的时间它们都在睡觉，尤其是天气最炎热的时候。夜晚一到来，它们就开始兴奋起来，这是它们活动的时刻，九点的时候，达到活跃的最顶峰，一会儿跳上罩子的顶部，一会儿又是跑又是跳，好不热闹。

　　雄蝈蝈儿们如果开始兴奋地鸣叫，并用触须不断挑逗路过的雌蝈蝈儿，而雌蝈蝈儿们则神情庄重地踱着步，那么这对雄蝈蝈儿来说的头等大事——交配，就要来到，绝对不会错的。这也是我研究的主题，之所以让它们待在金属罩子里，就是想看看它们奇特的婚礼，由于这总是在深夜进行，使得婚礼的最后一环无法观察到。我看到的只是婚礼漫长的前奏，它们不断用触须相互触碰，有时还会鸣叫几声。

　　第二天早上，雌蝈蝈儿的产卵管下垂着一个看起来十分奇特的乳白色卵泡，有豌豆那么大，依稀分成少量的蛋形囊袋，这让我感到很惊讶。在行走的时候，这些卵袋轻轻地擦着地面。接下来恶心的一幕上演，两个小时以后卵泡空了，这时蝈蝈儿竟然开始一块接一块地吃起卵泡来，它反复地咀嚼着那团黏稠的东西，最后全部吞到肚子里，一点不剩。这真是一种奇怪的习俗，昆虫的世界太令人惊讶了，这在螽斯身上也有。

　　我选择了一种距螽，它们吃梨片和生菜叶子就可以活下来，在七八月间进行交配。雄距螽在一旁鸣叫呼唤它的情人，雌距螽就跨着缓慢的步子来到它身边，它们之间不会立刻进行交配，还需要花上很长一段时间进行交流和触碰，到第三天才发生交配。根据蟋蟀的习惯，雄虫会钻到它的女伴身体下面，朝天躺着，向后展开自己的身体，紧紧抓住产卵管支撑自己，这样交配就完成了。交配结束后，雌距螽会产出一个巨大的卵袋，绿蝈蝈儿也一样。卵袋的中间有一条浅浅的沟，把这个卵袋分成了对称的两部分，每一边有七八个小卵球。

雄距螽刚完成自己的产卵大计就变得很瘦弱，它立刻溜到一片梨上开始补充体力，雌距螽则显得有些无精打采，微微提起那个沉重的大卵袋，在罩子里漫步。两三个小时过去以后，雌距螽将自己的身体卷成环形，用大颚的尖头部分从卵袋上咬下一块下来，当然它不会把它弄破，只是咬下卵袋外面的小碎片，细细咀嚼以后吞下肚子，它花了整整一个下午来进行这样的工作。接下来的整个晚上，距螽看起来有些心事重重的，它常常会停下脚步，或者待着不动。卵袋有些瘪掉了，但看上去并不太明显，距螽也不像一开始那样大口大口地吞食卵袋外面的碎皮了。在经过了四十八小时后，没费什么劲卵袋就自己脱落了。里面的东西已经被清空了，变得皱巴巴的，完全变了样子，被抛弃在路边，迟早会成为蚂蚁的口中餐。

我还想来说说另一种蚱蜢类的昆虫叫镰刀树螽，虫如其名，它总是佩戴着状似镰刀的弯刀，有好几次我看到它弯刀下面的繁殖器具，像一个卵状的半透明长瓶子。大概还有三四毫米长，被一条水晶丝吊起，这虫子并不会去碰它，而是会任其在自然条件下逐渐失去水分直到完全干枯为止。

我所讲的这些虫子都是体现昆虫远古习性的典型代表，为我们保留了远古时代奇特行为的珍贵标本。

蟋蟀的洞穴和卵

　　那些住在田间的蟋蟀几乎和蝉享有一样大的名声。作为一种享有盛名的经典昆虫，它的荣誉来自于自己的歌声和住宅。令人遗憾的是，我们伟大的寓言家拉封丹却在他的作品里，只让它说了两句短短的台词。

　　拉封丹的寓言里有一篇是写野兔的故事：野兔看到自己的影子，长长的耳朵竖起来像是两只角，而当时这是非常危险的，因为狮子被一只长了角的动物所伤，它正在驱赶所有长角的动物，它害怕那些多嘴多舌的动物诬陷它，于是便非常害怕，准备离开，它说：

> 再见了，蟋蟀邻居，我将离开这里；
> 我的耳朵也终将被说成是角。

蟋蟀回答说：

这是角？您当我是傻瓜呢！
这是上帝创造的耳朵。

野兔却仍然非常固执地说：

有人会把它说成是角的。

　　这就是蟋蟀说的所有台词了，拉封丹似乎有点吝啬，不过只是寥寥数笔也已经使蟋蟀宽厚敦实的形象跃然纸上了。
　　法国作家佛罗里安，从另一个角度刻画了蟋蟀，把它塑造成一个整天不满现状，内心绝望，整日怨天尤人的家伙，这样的想法真是奇怪啊。只要熟悉它们的人都知道，蟋蟀正好相反，它们对自己的天赋有足够的自信，对筑造的洞穴也非常满意。
　　其实蟋蟀吸引人们，引发大家盛赞的就是它的洞穴，在这方面，它们的确有超乎常人的智慧。在众多的昆虫当中，唯有蟋蟀是在成年以后是凭借自己的手艺，拥有自己固定的住所的。当天气逐渐寒冷起来的时候，很多昆虫都躲入地下避寒，寻找一个临时的庇护，还有的昆虫为了生儿育女造出了许多令人称叹的住所，有叶编的小篮子，有水泥小塔，有棉布袋子。还有一些昆虫长期住在陷阱里面，比如虎岬，它们会用自己扁平的头部将井口盖起来，只要有猎物贸然走上这个危险的天桥，失足掉入其中，就永远的消失了。

蚁蛉会在沙土里挖一个漏斗形状的陷阱，里面的斜坡非常松动，所以当蚂蚁滑下去的时候，它们就用石子将猎物击毙，当然这些都是临时性的住所，可以随时抛弃。

蟋蟀则全然不同，只要自己的家园被修建好，不论严寒酷暑它都不会搬离，这是一座真正的小城堡，不是为了狩猎，也不是为了养育后代，只是为了自己舒舒服服地住着。它就像是一个隐士，当其他昆虫都在为了生存而流离失所，四处奔波的时候，它却一个人宁静安逸地生活着。

蟋蟀不像兔子，兔子会选择随便发现的适于居住的场所，稍加装修改成自己的住所。蟋蟀对此不屑一顾，它们是十分讲究品质的，它会不辞辛劳地亲自挖掘自己的小屋，从门口一直挖到自己的小房间里。

说到造房子，只有人类才能算得上比蟋蟀优越，不过人类难道不是慢慢进化到后来才会的吗，原始人住的地方大都和野兽没有什么区别。但是蟋蟀就是有这样令人赞叹的天赋，并且对此精通无比。那它们这种天赋从哪里得到的呢？难道是因为它们有特殊的工具？不，它们并不善于挖掘。难道是因为它们柔弱，需要保护而产生的吗？不，还有一些昆虫看起来比它们更柔弱，可它们不是正在风餐露宿吗？难道这是由蟋蟀自身的身体构造决定的，一种生理的因素迫使它们去建造住所吗？不，在我家附近还有另外的三种蟋蟀，它们分别是双斑蟋蟀、独居蟋蟀和波尔多蟋蟀，它们不论在体形还是在结构上都和田间蟋蟀很接近，但是不管它们和田间蟋蟀长得有多像，它们全都不会挖掘建造洞穴。双斑蟋蟀居住在潮湿腐烂的草堆中；独居蟋蟀生活在干燥的土块中间；而波尔多蟋蟀则喜欢潜入人类的住所中，待在阴暗的角落里轻声吟唱。

看来我们不用再说下去，因为所有问题的答案都是"不"。虽然有很多昆虫跟田间蟋蟀各方面都很相似，但是却一点也没有建造住所的本能。本能对工具的依赖很少，它是多么奇妙啊，我们对本能的起源还是知道的太少了。

在我们的孩提时代都知道蟋蟀的住所，在草地上游戏的时候，经常能看到那些小小的城堡，但是只要轻轻地靠近，它们就一下子钻进最里面，不见踪影了。当然我们大家都知道该怎么让它现身，你只要拿一根草秆伸进地洞里轻轻地拨动，蟋蟀就会对外面的世界感到惊讶，挠久了它就会受不了，探出头来张望，不过它也会犹豫片刻，用触须左右晃动，企图探出一点消息，只要等它一从洞里爬出来，要抓住它可就易如反掌了。倘若第一次用草秆的计划失败了，那么蟋蟀就会变得多疑起来，不会上第二次当了，这时候用一杯水灌进地洞里，就能把这个固执的家伙再一次弄出来。

蟋蟀的家通常是位于长满青草的斜坡上，那里阳光充足，也便于雨水的快速流泄，这是只有一根手指那么粗的斜斜的一条坑道，根据地形的变化，长度也会有变化。在洞口的位置，按照惯例都会有一小撮绿草，因为它要用来遮住洞口，遮风挡雨全靠它，就像是人类房子的屋檐一样，所以不管怎样，蟋蟀都不会去吃它。洞穴的入口处有些略微的倾斜，被精心地清扫和打理过，稍微往里面延伸，当四周静寂无声的时候，蟋蟀就会在这个地方动人地演奏一曲。

蟋蟀的房屋内并不太奢华，墙壁虽然是泥土修葺的，但是并不粗糙，它们会花上好长的时间来抹平这些坑坑洼洼的地方。通道的尽头就是它的卧室，只有一个入口，墙壁周围比其他房间更加光滑一些。总而言之，蟋蟀的住所精致而整洁，一点也没有潮乎乎的感觉，是一个理想的住所。让我们设想一下，这个工程量如此浩大的建筑，只凭借它简陋的工具，到底是怎么做到的呢？真的太了不起了，简直就是一个奇迹，为了进一步了解它是如何动工的，以及动工的时间，我们必须从蟋蟀幼卵开始观察。

要想观察蟋蟀产卵并不十分困难，只需要耐心就行了。到了四月份，最晚到五月份，把蟋蟀成双成对地放进已经铺了泥土的花盆里面，再放入一片新鲜的莴苣叶盖上盖子就可以了。

六月份的第一个礼拜天，我的愿望开始慢慢得到回应，我发现蟋蟀正一动不动地待着，将产卵管插进泥土里，就这么一直待了很久，最后它终于抽出了自己的产卵管，并稍微抹去一点泥土的痕迹，短暂地休息一会儿之后就往别处去再一次产卵了。它就这么在这儿产一点，在那儿产一点，几乎遍布整个花盆，之后速度越来越慢，二十个小时之后就结束了。

接下去，我开始翻花盆里的土看那些卵，它们是像稻草那样的一种黄色，两头圆圆的，长约三毫米，离得比较近但相互之间并不连接，垂直着排列在土中。蟋蟀每次产的卵数量不定，有多也有少，经过我的挖掘和考察，估算出每一只蟋蟀可以产下五六百只卵，跟螳螂一样，这样庞大的后代数量将来势必要接受一场大考验。

下面让我们来看一看它们孵化的过程。当卵产下过了两个礼拜以后，上面部分的颜色变暗了，出现了两个黑红色的大圆点点，在这两点上方一点的位置则出现了一个细微的像环形一样的突起，这时一条裂缝正在形成，将来小蟋蟀就是从这里爬出来的。不久以后，卵开始变得透明，我们能透过细薄的外层看到里面的孵化过程。在经过了极其精细的变化之后，终于耐心的等待有了回报，一条看起来很容易断裂的缝隙开始在那个环形突起的地方形成，顺着突起的位置，从上到下裂开来，像一个可爱的汽水瓶盖一样被掀开，掉落在一旁。小蟋蟀钻出来了，可爱的小精灵如同刚从魔术师的帽子里钻出来，带着一种神秘，也带来了一些惊喜。

它离开了卵壳，被留下的卵壳还是那么完整光滑，纯白色的，只有一条裂缝张着嘴巴，旁边挂着一个小帽子一样的卵盖。新出生的鸟儿会用嘴啄开鸟蛋自己出来，而我们的蟋蟀看起来更高级，会从一个盖着盖子的壳里钻出，完好地保持着壳原本的样子，那么优雅。

在这一年中最舒服的日子的催生下，蟋蟀孵化的速度快得惊人，夏天还没有到，那些被我盖在玻璃下花盆里的蟋蟀们早就已经儿女成群了，由此我们可以推断出，那些卵的形态顶多能保持十天时间。

其实先前我说小蟋蟀是自己打开盖子从卵壳中爬出来的，这是不够准确的，它们实际上身上还包裹着一层膜。不过它并不利用这层膜爬出来，甚至当它爬到出口处的时候就已经脱去了，只是它们出生时一种暂时的状态而已。这和螽斯很不一样，蟋蟀只在地下待很短的时间，它们藏身在干燥的薄土底下，这使得它们爬出土层一点也不困难，不像螽斯会在地底下待长达八个月的时间，而且土层经过长时间的风吹雨打已经变得非常坚硬了，所以会对幼虫钻出来造成很大困难。

所以你一定会问既然蟋蟀用不到那一层膜，在出口的地方就脱去了，那还留着做什么呢？或者伴随着它有什么用呢？这个问题的答案，让我来用另一个问题来回答吧。蟋蟀的鞘翅下面有两片看似毫无用处的发育不全的残肢，后来慢慢长大成为巨大的发声器，它们又有什么用处呢？这对蟋蟀来说没有一点用处，完全微不足道。还有狗的脚掌后面有一个退化了的拇指，原本应该是有五个指头的，这是高等动物的特征之一，蟋蟀那对发育不全的残翅也是它们原本善于飞行的证据。当生命体消除一种器官，不再使用它的时候，会根据记忆依然保留一些原来的痕迹，蟋蟀刚出生时的膜就是这样的一种记忆。出生在地下的蝗虫类昆虫要想脱壳而出总会遇到一些困难，就算到后来有些已经进化得更高级了，但它们仍然都保存着这样的一份记忆。

小蟋蟀刚出生的时候身体是近乎白色的那种淡色，脱去膜以后，它就开始与盖在头上的土层作斗争，它用自己的上颚拼命向上拱，还用后腿使劲蹬掉身边的障碍物。现在它终于来到了地上，沐浴在和煦的阳光中，这只是短暂的欢愉，等待它的还有那些潜在的危险，它还是那么脆弱，那么小，比跳蚤大不了多少。二十四个小时过后，它的身体变成了美丽油亮的黑色。

小蟋蟀们现在很警觉，它们不停地抖动着自己的触须打探周围的情况，接着一路小跑，飞跃着。尽情地跳跃吧！等到它们长胖了，想跳也跳不起来了。这时候的它们，胃还十分娇嫩，我对照顾年幼的蟋蟀实在一窍不通，喂给它们的莴苣叶好像也不太合胃口，看来还是把你们交给大自然母亲这位至高无上的养育者吧。

当我把这一大群小蟋蟀放到院子里的时候。它们很快就四散跳跃开来，如果这些小家伙能够就这样茁壮成长，来年我的院子里就能常常开音乐会了。但我知道这并不会实现，也有可能到来年一只蟋蟀也没有，蟋蟀母亲的多产必然会带来严酷的淘汰，但愿在经历了一场大屠杀以后还会有几对幸运地留下来。

就像我们在研究螳螂的时候看到的那样，灰色小蜥蜴和蚂蚁迫不及待地朝它们的美食赶来，只要有蚂蚁，这个可恶贪婪的暴徒在，这些小家伙们真是凶多吉少。

这些可怕的虫子啊！简直是魔鬼！书本对它们歌功颂德，用一切美好的品格来赞颂它们，博物学家对它极尽崇拜之情，每每为它们的声望添砖加瓦，却看不见它们坏事做尽。没有人去理会屎壳郎和蚯蚓这些可贵的清洁者，更没有人会对它们投去赞颂的一瞥。在南方的村子里面，蚂蚁会把居民住所的房梁蛀空，使它们面临倒塌的危险。唉，在人类的史料中，那些坏事做尽的总是受到歌颂，而那些真正拥有美好品格的却受到忽略，总是这样。

由于蚂蚁的大量屠杀，我放进院子里的蟋蟀已近灭绝，这大大不利于我的观察，所以我只能去外面进行我的观察了。八月份的时候，我在枯叶堆里或者没有被酷暑完全烤焦的草地里，发现了这些已经初步长大的小蟋蟀，它们的身体油亮发黑，居无定所。这种流浪的生活会一直持续到仲秋，那时候，黄翅膀的飞蝗泥蜂就会开始到处追捕那些容易被抓住的蟋蟀，并将它们储藏到地下。那些刚从蚂蚁的魔爪下幸存下来的蟋蟀，再一次遭到大量的屠杀。如果它们能够在造窝期之前的几个礼拜就确定一个固定的居所，那么就能躲过这一场劫难，但是经过了几个世纪，它们还是没有吸取教训，依旧我行我素地四处流浪在危机四伏的环境当中。

　　一直要到十月份的时候，第一批寒潮来临，它们才开始建造自己的地洞。蟋蟀的造房工艺十分简单，它用前腿刨着土，用钳子似的大颚把大颗的石子夹出来，我看见它用长着两排锯齿的后腿踩踏着土地，它会一边倒退，一边耙地，把没用的泥土扫到一边去，摊成一个斜斜的坡面。这项工程起先进展很快，只需两个小时，它就完全消失在地洞里了，只是它会不时地返回出口处，重复扫土的工作。如果它觉得累了，就趴在洞口休息一会，两根长长的触须露在外面，不时地抖动几下，接着再回去继续工作。

　　这地洞已经挖了有两寸那么深，最紧迫的工作已经完成了，余下的还要花上很长的时间，蟋蟀工程师每天都会做一点，将这个地洞越挖越深，越挖越大，即使是在温暖的冬天，阳光暖暖地烘着洞口，我们仍旧能看到辛勤的蟋蟀在卖力地往洞外推着废土，春天来了，它又忙着保养、翻修自己的住所，它永远不会停止完善自己的家，直到死去。

　　四月刚过，蟋蟀的歌声便响起了，刚开始还是谨慎的独唱，过了不久就成了一场大型的交响乐，几乎每一个草丛里都藏着一位演奏家，正值百里香和薰衣草盛开的季节，百灵鸟犹如一支充满诗情画意的焰火与蟋蟀进行着合唱，尽管歌声有些单调，缺乏技巧，但这与万物重生时的欢愉是多么吻合啊！

蟋蟀的歌声和交配

　　对于蟋蟀这位演奏家，如果你想看看它的演奏工具，其实也十分简单，它的基本原理和蝗虫类昆虫是一样的：带锯齿的琴弓和振动的薄膜。

　　与绿蝈蝈儿和螽斯相反，蟋蟀是个右撇子，其他都是左撇子，它的右鞘翅交叠在左鞘翅上，几乎将它全部覆盖住了。这两片鞘翅的结构相同，下面让我来描述一下鞘翅的模样。它几乎平直地贴在背上，布满了倾斜平行的细细的脉络，翅膀尖端将腹部裹住，背部有着粗粗的深黑色脉络，整个儿看起来像是一幅奇怪的画儿。如果把它放在太阳光下看，除去两大片相互连接的区域之外，鞘翅呈非常淡的棕红色，较大的那片靠前一点，呈三角形，较小的那片呈椭圆形，都由一条表面有细纹的粗大的人字形条纹围着，这两片区域就是蟋蟀的发声部位，它们都是透明的，比其他的部位要更加薄一些。在鞘翅上还有许多的褶皱，这些是翅脉，褶皱是起摩擦作用的，通过增加琴弓摩擦时候的接触点，使震动能更快。在朝下的那一面有一条翅脉是锯齿状的长条，这就是琴弓，我仔细数了一下，上面大约有一百五十个锯齿，呈现出完美的几何结构的三角棱柱形状。

这是多么美丽的发声工具啊！当琴弓上的一百五十个三棱柱和另一片鞘翅上的褶皱相互摩擦的时候，它身上所具有的四片振动器中，上面两片因为摩擦工具而直接发出声音，下面的两片因为相互摩擦而发出声音。这声音非常洪亮，几百米以外都能听到。

蟋蟀的声音不仅在嘹亮度上足以和蝉媲美，而且比蝉更悦耳动听。它的歌声婉转多变，蟋蟀还知道抑扬顿挫的方法，这是因为它的两片鞘翅是沿着身体两边往后延伸的，从而形成一个巨大的折边，通过改变折边下垂的长度和接触腹部的面积大小，来改变声音的高低，使歌声更加优美。

我们已经注意到了，蟋蟀有两片鞘翅，有四片振动发声器，但是它是一个右撇子。由于这两个鞘翅是一模一样的，所以左鞘翅上也有一个琴弓，但用不到。既然它用不到，那这是用来做什么的呢？如果把这两篇鞘翅颠倒一下，那我们的蟋蟀演奏家能不能用这个闲置不用的琴弓像平时那么演奏呢？既然它们是对称的，照理讲应该是有这种可能性的。不过这真的能实现吗？或者是不是的确存在着一些用左鞘翅演奏的蟋蟀呢？我从来没有发现过，它们全部都是右鞘翅叠在左鞘翅上面，没有一个是例外的。

接下来我会试着去人为地来实现这个在自然条件下不可能会达到的事。我用镊子小心翼翼地把这两片鞘翅颠倒过来，尽量不去伤害到它们，把左鞘翅完美地叠在右鞘翅上。这样颠倒了一下发声器，蟋蟀还能唱歌吗？我觉得这看上去能行，但是我错了。蟋蟀感觉到自己的翅膀发生了一点错位，非常不舒服，便开始努力地想把它们回归原位，很快就做到了。看来，这是行不通的，现在的蟋蟀已经长大了，翅膀也已经变得僵硬，很难再对它们作出改变，如果真的要做的话，必须要在它们刚从卵壳里爬出来的时候就进行这样的"矫正"，那时的器官还很柔嫩，具有很强的可塑性，让我们来试一试吧。

为了实现这个目的，我耐心地等待着蟋蟀幼虫们刚刚破壳而出的那个瞬间，并期待着它们在我改造之下的重生。五月刚开始的几天里，在上午接近十一点的时候，一只小小的幼虫在我眼前脱去了它们即将舍弃的外衣，露出漂亮幼小的白色翅膀。翅膀和鞘翅在刚刚从壳里出来的时候是短小褶皱发育不完全的，翅膀几乎停留在最原始的状态，鞘翅则非常缓慢地渐渐变大、张开、铺展开来，从一开始的互相分离，到触碰，最后右鞘翅盖在了左鞘翅上。

接下来轮到我动手了。我用一片稻草的叶子轻柔地把这两片鞘翅的位置换了个个儿，小虫只是稍微地反抗了一下，就接受了这个事实，我必须要非常小心非常轻柔才行，它们的器官实在太娇嫩了。事情进展的非常顺利，左鞘翅一直向前伸展开来，最后完全地覆盖住了右鞘翅。就这样这对鞘翅在我的改造下渐渐地变硬、长大，它们逐渐由白色变成正常的体色，并且在第二天、第三天都保持得很好。蟋蟀如愿以偿地被变成了一个左撇子。我非常期待能够看到蟋蟀用那根通常都不用的琴弓，弹奏美妙的一曲。

到了第三天，情况发生了大逆转，这位新的乐手要开始它第一次的演出，起先传来了几声刺耳的声音，就像机器发生故障时发出的噪音一样，接着声音调整了一下便正常起来。天啊，我真是太愚蠢太天真了！我还一直自信满满，以为创造出了一个别具特色的演奏家。这个小家伙为了恢复原状作出了自己所有的努力，承受了巨大痛苦，它的两片鞘翅因为要尽力恢复原位都脱臼了，最后它还是恢复成了一个右撇子，而且永远都会是一个右撇子！

富兰克林认为左手应该和右手一样灵活好用，所以人类应该花心思去培养自己的左手，这样两手并用，就能有更多的用处。不过事实上这是不可能的，只有非常少数的人能做到。

同样，蟋蟀也是不行的，那是一种协调方面的天生缺陷，虽然可以通过习惯和教育来纠正它，但却无法让它永远消失不见，当蟋蟀想唱歌的时候，就算鞘翅已经长成、固定，它们还是会回归到所有蟋蟀都有的样子。关于这个问题这点我们还要依靠胚胎学来作出解释呢。

那么既然左鞘翅上的锯条一点也不逊于右鞘翅，那它存在着的作用又是什么呢？难道只是为了对称美观吗？现在我目前只能这么想了。但是这又为什么只有蟋蟀是对称的呢，其他的昆虫呢，蝈蝈儿、螽斯和其他蚱蜢类昆虫为什么就没有呢，这个问题我无法回答，只能说一声"不知道"了。

谈了那么多蟋蟀的乐器，现在让我们再来说一说它们的音乐吧。蟋蟀从来都不爱关上门待在家里演奏，它们热爱阳光和新鲜的空气，通常是待在门口的斜坡上沐浴着阳光演奏的，发出"克里克里"声音，伴随着轻柔的颤音，歌声洪亮绵长，抑扬顿挫，它们就这么在整个春天的美好日子里，一个人快乐地演奏着，赞颂着生活。当然它也会为自己的女友邻们演奏，你一定要问，既然这些隐士们这么喜欢待在自己的家里，它们该怎么去认识自己的伴侣呢，怎么去追求它们呢？它们都能如愿举行婚礼吗？通过我所了解的一些情况和金属罩里发生的事，我们能够知道一些真相。

雄蟋蟀和雌蟋蟀的家隔得远，它们又都极其喜欢自个儿待着不出门，那么到底该由谁来主动呢，是雄蟋蟀去找自己心爱的姑娘，还是被追求的姑娘自己主动上雄蟋蟀家去呢？在交配的季节，声音是它们传达彼此情愫的唯一工具，而我们知道雌蟋蟀不会发声，是不是它会被雄蟋蟀的声音所吸引自己跑过去呢？答案是否定的，而且这不符合礼仪，的确是雄蟋蟀主动的，我猜想它们一定有某种特殊的手段将自己引导到爱人那里去。

雄蟋蟀为了去见它心爱的伴侣，将进行一次二十步远的夜间旅行，要知道这是多么长的一段距离啊，它平时可是足不出户的呢。既然它已经出来了，要再找到回去的路几乎不可能。要再挖一次洞穴是不现实的，也许它将从此颠沛流离，无家可归，身处危险，沦为蟾蜍的猎物，但这又怎样，它是一只雄蟋蟀，它的使命已经完成了。

以上是我把在野外和我的金属罩子里的情况综合起来作出的猜想，金属罩里的蟋蟀只要过了挖掘期，它们就再也不会重新建造家园了，它们只是蜷缩在一片叶子下面来遮挡自己。

通常在罩子里住着的那些蟋蟀都能和平共处，求偶者即使在争夺情人的情况下也并不是那么激烈。它们只是对峙起来，试图啃咬对方坚固的头，互相扭打一阵就分开了，胜利的一方唱起悠扬的歌曲，顺便昭示自己的威风，接着围着心爱的姑娘团团转，失败的一方就只能灰溜溜地走掉了。

胜利的一方把手指一钩，拉一条触须卷起来伸到大颚下面，抹上点唾液当成化妆品，势必要把自己打扮成一个英俊潇洒的美男子，然后它激动地蹬着腿。由于情绪太过兴奋，鞘翅不停地振动着却发不出一点声音，只能杂乱无章地摩擦着抖动着。我们的雌蟋蟀呢？它只是故作高贵，羞涩地跑开了，跑到莴苣叶子下躲起来。最终它还是被雄蟋蟀打动了，从深处走出来，加油啊雄蟋蟀，大胆地迎上去吧！它猛地调转了头，用背对着雌蟋蟀，腹部抵住地面，倒退着试图钻到雌蟋蟀的身子下面，只要小心一点就能成功，接着它们就配对成功了。紧接着是要看产卵。这时候，在罩子下面的生活开始变得不太平起来，蟋蟀爸爸会经常遭到蟋蟀妈妈的毒打，它的翅膀也被打残了，乐器也被砸烂了，它必须要逃跑才行，要不然它很有可能会被蟋蟀妈妈吃掉。蝗虫和蟋蟀，这些传承着古老习俗的昆虫们，告诉我们，雄性在完成了自己的使命之后就应该给辛勤的雌性——伟大的母亲让位。

在那些更高级一些的动物中间，甚至在少数的昆虫之间，父亲也会帮着一起抚养子女，当然这对小蟋蟀来说是最好不过的了。可惜蟋蟀还没有进化到那个程度，它们依然非常忠诚地保持着古老的习俗。雄蟋蟀可要小心了，你们昨天还倾慕热爱的情人，对你百般温柔，今天可要把你当作大餐了。

就算雄蟋蟀侥幸逃脱了雌蟋蟀的魔爪，很快它们也会为生活所迫而死去。六月份的时候，罩子里的雄蟋蟀一个不留全部死去了，有些是自然死亡，有些是意外死亡。雌蟋蟀在小蟋蟀孵化出来以后，将会再活一段时间，假如雄蟋蟀从来不和雌蟋蟀交配的话，它就会活得非常久。

传说希腊人酷爱音乐，它们会在笼中饲养蝉，我可不相信这点，蝉的叫声那么刺耳，多听一会儿都忍受不了。其次，要将蝉捕来也是非常困难的，况且这种虫子喜欢自由自在的，飞得很高，如果要让它们长期生活在小笼子里，就算只是一天，也会受不了死去的。

大家是不是把蟋蟀当成蝉了呢，就像是把绿蝈蝈儿和蝉搞错了一样。对蟋蟀来说，住在人类给的小笼子里它们高兴还来不及呢。它们会非常快乐地享受着这种囚禁的生活，本来嘛它们就喜欢老待在家里的，现在还有人每天给它们喂可口的食物，又能躲避自然界的很多危险，躲避雌蟋蟀带来的生命威胁，要做的只是每天唱唱歌儿，解解闷儿就行了，何乐而不为呢？

雅典的小朋友们，把装着蟋蟀的可爱笼子挂在窗子上。后来普罗旺斯甚至整个法国南部的人们都保留了这个爱好。对于城里的小孩子来说，要是能够拥有一只蟋蟀，那是多么了不起的事情啊。这些被家养的蟋蟀们最后都成了老寿星，生命比原来延长了一倍。

先前我提过在我家附近有另外几种不会挖洞的蟋蟀，我也对它们稍微研究了一下，可惜没有得到什么有趣的结果。它们居无定所，总是在一些临时的住所间游荡，有时是干裂的土块缝里，有时是在干草堆里。它们的发声器官和田间蟋蟀基本一样，叫声也很相似，只是没有那么响亮。波尔多蟋蟀是所有蟋蟀中最小的，它们的叫声很微弱，要仔细辨别才能听得见，有时会闯入人类居住的地方。

在我们这儿没什么家蟋蟀，它们喜欢住在面包店和村民的家里。春天的田野是田间蟋蟀的乐园，它们热情洋溢地奏响音乐盛会。树蟋，也叫意大利蟋蟀，是夏天晚上的主角，意大利蟋蟀没有别的蟋蟀看起来那么臃肿，它们拥有的是那种苗条纤细的体形，瘦瘦的，体色也很浅，很适合在夜间活动。它们住在高高的树叶上，很少到地面上来，歌声持续的时间也很长，几乎会一直持续到下半夜。这两种蟋蟀一种喜欢白天，一种喜欢黑夜，瓜分这些美好的时光，源源不断地送来甜蜜的歌声。

这些意大利蟋蟀的歌声是大家都熟知的，无论是多么小的一丛灌木，都会有一支小小的交响乐团在里面演奏。可是它们总是太神秘了，没人知道这是从哪儿来的小曲儿，还错认为是普通蟋蟀的声音呢，要知道，这个时候那些普通蟋蟀还很小，还不会唱歌。

意大利蟋蟀的声音听起来缓缓的，很温柔，夹杂着一些微微的颤音，表现力十足。如果没有人打扰，它们就会稳稳地坐在树叶的下面，乐声绵长稳定，但是稍有响动它们就会立刻停止，改用腹语了。没过一会儿，在几十步远的地方，这歌声又悄悄地响起来，你试图追踪它的来源，可是声音一下子从这儿传来，一下子又从那儿传来，完全使人摸不着头脑，光靠听力可没有这个能耐探听出结果。要非常细致认真地在光亮中才能发现些许它们的踪迹。

意大利蟋蟀的鞘翅很薄很大，像洋葱的皮一样，呈透明色，而且一整块都可以振动。它们的形状如同一道圆形的弧，沿着一条粗壮的纵向翅脉折叠成一个直角，再往下延伸，形成一个翅边，当它睡觉的时候就用这段翅膀裹着肚子，好像怕着凉似的。像其他所有的蟋蟀一样，它依旧是右鞘翅叠在左鞘翅上面，在接近鞘翅根部的地方有一块老茧，从这儿往外放出五条翅脉，其中第五条特别长，几乎横贯整个鞘翅，这就是它的琴弓了。左鞘翅的结构跟右鞘翅一模一样，只是这边的琴弓、老茧、翅脉是在朝上的那一面，可以两把琴弓更好交错在一起，真有意思。

当蟋蟀开始鼓足干劲唱起歌儿的时候，两片鞘翅高高地抬起，完全地伸展开来，像是两片鼓满风的船帆，两把琴弓咬合在一起使劲摩擦，让这两片翅膜振动发出洪亮的声音。有的时候琴弓还会在老茧上摩擦，有时又会在鞘翅上的其他四根鞘翅上摩擦，声音大概就是这样起着变化的吧。这就是为什么蟋蟀的声音会让人听起来一会儿在这，一会儿在那儿，产生奇怪的幻觉。另外产生这种幻觉还有一个原因，那就是调整鞘翅抬起的高度，抬高一些声音就响亮一些，放低一些，就会压在肚子上，减少了振动的面积声音相对就沉闷些了。

田间蟋蟀和其他类似的昆虫也会用这种调整鞘翅位置的方法来造成声音的变化，但是它们没有一个比得上意大利蟋蟀所造成的那种迷幻的效果，也没有谁的歌声像它这么清澈优雅，纯净而富有诗意，那些轻柔的颤音仿佛能掠过心灵的深处，勾起无限的遐思。谁都会为它的演奏而忘乎所以的。

夜晚，花园里的蟋蟀很多，它们藏在各个地方演奏着自己的音乐会，在怒放的岩蔷薇下，在香气四溢的薰衣草旁，在一丛又一丛的灌木丛里，动情地歌唱。

仰望天空，就在我的头顶上方，天鹅星座在漫漫的银河里伸长着自己的十字形架，而地面上围绕着我的是无数迷人的蟋蟀，它们奏着乐曲，完全吸引了我的注意，让我忘记了星星们的表演。

科学用它的精确和理性让我震撼，但是却丝毫无法触动我的心弦，因为它缺乏一个秘密，一个大秘密，一个生命的秘密。天空里有着什么呢？那些遥远的恒星在温暖着什么呢？理性告诉我那是一个和我生活的世界相似的世界，在那些相似的土地上，万事万物都在发生着变化，这是多么美妙的宇宙观啊！虽然不是真实的，却是那么高尚。啊，在蟋蟀们的陪伴下，生命的律动在我的周围发生，它使我快乐，使我迷恋，也使我感恩。

蝗虫的角色和发声器

"孩子们，做好准备，在明天太阳热得受不了之前，我们去抓蝗虫吧！"这个临睡前的消息让我们全家都兴奋不已。我猜想我的那些小家伙会梦见什么呢？蓝色的、红色的翅膀像扇子一样一下子被打开，长着锯齿的天蓝色或者粉红色的长腿在我们的指尖激烈地扑腾着，粗壮的后腿像弹簧一样有力，蝗虫用它一跃而起，就像是掩藏在草丛的小矮子用弹弓射出的石子。孩子们现在会梦见的有时候我也会梦见。生命以它同样的纯真安抚着我们的童年和老年。

捕捉蝗虫真是件快乐的事，没有危险也没有杀戮，不论谁都适合做。我的小帮手们一大清早就开始帮我搜寻起来。小保尔跑得很快，眼睛很尖，只要他看到灌木丛里突然跳出一只胖胖的灰色蝗虫，受到惊吓飞窜出来，这个英勇的小捕手就一个箭步赶上去，可惜它们跑得太快了，还没等靠近，就没影了，只留下失望的小家伙张着嘴巴，一副不敢相信的表情。玛丽·波利娜比保尔年纪小，她耐心地搜寻着长着粉红色后腿和胭脂红后腿的意大利蝗虫，不过她最喜欢的是另一种更加灵活的小虫，它们的脊背上有好看的白色斜线，衣服上还有绿色的斑点，看起来就像古代钱币上的绿锈。她张着小手，努力举高，时刻待命。啪嗒！"抓住了抓住了"，她兴奋得赶紧把它囚禁在纸漏斗里。

就这样我们三个人的收获越来越多，这些俘虏将被养在网罩里面做我的研究对象，我们都感到快乐极了。

对这些刚刚来到的新客人，我首先要问的是："你们是以哪种角色生活在田野里的？"在书本上你们被说成是害虫，这种指责是不是妥当呢？我对此表示怀疑。据我所知，你们的功劳远远大于过错，至少这附近的农民从来没有埋怨过你们。你们吃的是坚硬难啃的草尖，连羊都不要吃，你们更喜欢住在稀疏的草地上，在贫瘠的土地上觅食，那些食物只有用你们的胃才能得到消化。再说了，当你们开始踏上田野时，麦苗都已经收割完成了，就算闯入院子里吃一点儿生菜的叶子，也没什么吧，不用这么大惊小怪的，又不是什么滔天大罪。

很多人目光短浅，只注重眼前的利益，却无法看到真正重要的东西，居然希望蝗虫这种害虫完完全全地从这个世界上消失，他们不知道自己的想法有多么的愚蠢！如果蝗虫真的灭绝了，将会给我们带来多么严重的后果啊。

九十月份，火鸡在山顶的草场开始悠闲地踱着步，嘴里还发出"咕噜咕噜"的声音，它们在这儿做什么呢？当然是来这里觅食的，它们要把自己养得肥肥的，长出结实美味的肉来，为圣诞节做好准备，到时候人们就可以吃这些肥美喷香的烤鸡了。不过，到底它们来这儿是吃什么的呢？是什么在滋养它们呢？当然是谷粒，等一下，它们最喜欢的可是蝗虫。蝗虫丰富的营养能把它们养得壮壮的，肉质也更加鲜美。

母鸡也非常喜欢蝗虫这种食物，这能让它们下更多的蛋，当人们把鸡放到野外时，鸡妈妈就会教自己的小鸡仔们如何能够快速地把美味的蝗虫一口吞进肚子里。除了家禽之外，法国南方山区的红胸斑山鹑也酷爱这种美食，剖开它们的嗉囊，可以看见里面塞满了蝗虫。

现在让我们再来看一看普罗旺斯白尾鸟，九月份是这种鸟味道最肥美的时候，串起来烤着吃再好不过了。排在它食谱第一位的也是蝗虫。而且它专门挑那些个头最小的，便于下咽的。其他的一些小型的候鸟也是如此，秋天到来的时候，它们会在此做短暂的逗留，借机把自己喂得膀大腰圆，为即将启程的长途旅行做好准备，它们都把蝗虫当作是最好的食物，这是它们飞行力量的动力和源泉。

其实还有一些爬行动物也爱吃蝗虫，像是眼状斑蜥蜴。

它最喜欢躲在阴暗的乱石头堆里，静静地等待，只要一发现这种小虫子的踪影，就"哧溜"一下，卷到嘴里，有很多次我都发现这个小恶魔嘴里叼着一只可怜的蝗虫残骸。

只要有好机会，河里的小鱼也会来尝一尝蝗虫的味道。蝗虫的弹跳力很好，但这种能力又是极难掌握的，它很难预料到自己将降落在哪里。假如十分不幸地落入水中，那么鱼儿就会瞅准时机，享用一顿美餐，因此人们钓鱼的时候，有时也会利用蝗虫来作诱饵，往往能得到意想不到的收获。

另外，人类对蝗虫这种食物也不是毫不在意的。实在没有食物的情况下，人类也会食用蝗虫，不过这需要极其强健的胃才行。一般来说都是间接吃蝗虫，我们会享用以蝗虫作为食物的小火鸡。但是我对直接吃蝗虫还是有些疑虑的，那真的这么让人厌恶吗？

强大的哈里发·欧尔麦声称他可以吃掉一篮子的蝗虫。早在他之前就有很多生活简朴的人以蝗虫为食。《圣经》里的圣约翰在沙漠中就是靠吃蝗虫和野蜂蜜存活的。我吃过野蜂蜜，味道非常不错，小时候我也生啃过蝗虫的大腿，那其实也没那么糟糕，另有一番滋味。下面让我们一起来尝尝这两位名人口中的食物吧。

我把捉来的蝗虫撒上盐，在黄油里简单地炸了一下，晚饭时，我们全家一起分享了这道奇怪的菜肴，吃起来有一点炸虾的味道，还有一股烤蟹的香味，不过吃过后也实在没有以后再次尝试的想法了。

就像大家看到的，我已经受到先人的蛊惑吃了两次虫子了，一次是蝉，还有一次是蝗虫，不过这两道菜没有一道是我喜欢的，这些玩意儿还是比较适合下颌能有力咀嚼的黑人或者有个大胃的哈里发。

生物的世界首先面临的就是食物的问题，没有一件事比食物重要。为了食物，每一只动物都要费尽周折，使出浑身解数来获取，对它们来说无疑是一种折磨。那么对于人类来说，能最终摆脱这种磨难吗？科学给了我们肯定的答案。物理学为这个答案的前进铺设道路。太阳这个大懒虫自以为只要用光照射那些葡萄让它变甜，让麦子变黄就什么不用做了，可物理学家正在设法将太阳能为我们所用。这样我们依靠能源和机械就能非常高效地进行农业生产了。如果这时再有奇妙的化学反应参与进来就事半功倍了，它会为我们制造各种各样的食物，把食物浓缩，或者将面包缩成一颗丸药，或者将牛排变成一颗肉粒。人们再也不用做地里的农活了，那些牛羊将在历史的长河里止步，未来的人们只有凭借标本才能认识它们。

总会有那么一天，水果、蔬菜、谷类、牲畜都将消失不见，这就是进步，这就是食物的黄金时代。

不过我对此表示深深的怀疑。人类可以利用车间制造无穷无尽的食物，把自己变成毫无动手能力的傻子。但是如果要用人工的方式获得哪怕是一口简简单单、而真正有营养的食物，就完全不是那么回事了。什么车间都别想造出来。只有生命才是能够造出有机物的真正的化学家。

所以，只有将农业和牲畜保留下来，安安分分地用劳动来获取食物才是最明智的。我们要信任蝗虫，是它的存在和努力才养活了那么多其他的动物，才有了我们餐桌上的喷香美味的小火鸡。不要轻信工厂和车间，它们一辈子也别想造出真正的食物。

接下来让我们再来听一听蝗虫的歌声吧。蝗虫吃饱了以后，便开始稍作休息，沐浴着阳光，沉浸在自己的幸福里，消化着胃里的食物。突然，它的琴弓发出了声响，反复三四次，中间会有几次短暂的间歇，这是蝗虫在唱歌呢，用它粗壮的大腿弹拨着腹部的两侧。

相比于蚱蜢类昆虫，蝗虫的乐器显得简陋多了，而且非常微弱，几乎听不到，像极了针尖在纸上划过的声音。

让我们用意大利蝗虫来举个例子，其他的蝗虫和它的发声器是一样的。它的后腿呈圆滑的流线型，每一面都有两根粗壮的肋条，肋条之间有很多小肋条，排列成梯形，它们看起来突出而明显，而且更令人惊讶的是这些肋条都非常光滑。而在鞘翅下面的后腿就作为琴弓用来弹拨翅膀的边缘发出声音。

在多云天气的时候，太阳在云间忽隐忽现，正是观察蝗虫的好时间。当天空中洒下一束阳光时，蝗虫就会开始摩擦后腿准备演唱，温度越高，摩擦就越厉害，只要是在太阳光里，它就不停地唱着小曲儿。一旦一朵云飘来遮住了阳光，歌声就戛然而止了，直到太阳再一次露面，歌声才会再一次响起。看蝗虫是多么热爱阳光啊，对它来说只要能够沐浴在阳光下，就是再幸福不过的事了。

当然，并不是所有的蝗虫都用摩擦的方式来表达快乐，长鼻蝗虫就是一个例外。它长着细长的后腿，好像一个酷酷的人，阳光再怎么强烈，它都一声不吭闷闷不乐的。我从没见过它的后腿试图想要演奏任何一曲，除了用来跳跃，恐怕别的用处是派不上了。

胖胖的灰蝗虫也有一双修长的腿，同样的，它也是不会发声的，不过表达快乐的方式不是只有唱歌这一种，它自有自己独特的方式。在阳光和煦的时候，在迷迭香丛里，它会快乐地扑腾着翅膀，快速拍打上几十分钟，而且速度非常快，好像准备要腾空飞起，翱翔在天际一样。

这还算好的，还有一种蝗虫在发声方面连灰蝗虫都比不上呢，它就是生活在阿尔卑斯地区的步行蝗虫。由于高山地区阳光通常比较充足，所以在照射下它的背部是漂亮而有光泽的浅棕色，腹部是黄色的，粗壮的大腿下面则是好看的珊瑚红色，后腿是靓丽的天蓝色，像是穿着一件优雅的短装礼服。这是因为它的鞘翅很短，仿佛没有完全发育，只能勉强遮到腰上一点的裸露处，就像它还是一只幼虫一样。不过这的确是它成年以后的样子。那么，是不是因为它的鞘翅这么短所以才不能发出声音来的呢？也不尽然，其实它的后腿特别粗壮，完全可以用来当琴弓，唯一缺少的是它的鞘翅没有凸出来的边缘作为摩擦时的发音空间。需要注意的是，步行蝗虫并不是发声太轻不容易听到，而是一点声音都发不出来。那它用什么方式表达快乐呢？我一点也不知道。

不知道什么原因，步行蝗虫没有飞行器官，它一直是一个笨重的步行者，而它的那些和它一起住在山区草地上的那些近亲们，却个个都是飞行专家。从出生开始它和其他蝗虫一样有着翅膀和鞘翅的萌芽，后来却似乎放弃了让它们继续生长，也就渐渐变得毫无用处了。而它也并不羡慕飞行，只是一直蹦蹦跳跳地，做个老实本分的步行者。

但是为什么它要放弃呢，步行蝗虫为什么不去效仿它的那些近亲，难道拥有一双能够飞翔的翅膀不是大大地有利于觅食和生存吗？它可以非常迅速地从一片已经被啃食殆尽的草场飞往另一处丰茂的草场，它为什么不那么做呢？

有人回答说："这是因为进化停止了。"这个答案看起来很有道理，不过我们要谈的不是这个问题，而是另一个：进化为什么会停止呢？

步行蝗虫的幼虫带着成年后能够飞行的愿望来到这个世界上，却不知道自己将来不得不接受终身不幸的命运，这对翅膀不再承载希望，只能当作装饰了。那是不是应该把原因归结为山区恶劣的天气状况呢？你看其他生活在这里的昆虫，最终不是都能飞行吗？这也不是答案。

又有人说：动物的需要只有在经过反复试验反复进化，最后被承认了，才能获得某种满足这种需求的器官。但是我又想反驳，为什么蝗虫最终没有完成这种进化呢？难道它在土堆间，在岩石缝里艰难地爬行的时候，就没有飞行的需求了吗？要是自己也能飞该有多好啊，却再怎么努力也无法使萌芽状态的翅膀长大，舒展开来。

在相同的气候、饮食和生活习性的条件下，有的昆虫能成功进化，而另外的一些却失败了，只能当一个步行者。没人能给我一个可以信服的答案。那么就让我们暂且把这个问题撇开不谈了吧。

蝗虫的产卵

夜晚我坐在火炉旁记有关蝗虫的那些笔记时，开始思索，我们的蝗虫能做些什么呢？也许它们在对人思想的发展方面作不出巨大的贡献，但是在繁衍后代方面却是万中无一的佼佼者。蝗虫的食量很小，在金属罩子下生活的那群虫子只要一片莴苣叶就绰绰有余了，但它们的繁殖就要另当别论了。让我们来细心地观察一下吧。

蝗虫不像螳螂这种蚱蜢类昆虫那样具有反常的交配行为，尽管它们外形很相似，习性却是完全不同的。在这个和平的种族之间，交配符合正规的礼仪，一切都合情合理。接下来我们直接来看一看它们的产卵吧。

在临近八月份的时候，意大利蝗虫是我们家附近最多的昆虫，在阳光轻柔的爱抚下，蝗虫妈妈选择罩子的边缘作为自己产卵的地点，因为边缘的网纱可以给它作支撑，它将圆圆的肚子顶住地面，慢慢地向下用力，因为缺少钻孔的必要工具，这个过程进行得不太容易，时常伴随着停顿，但是最后蝗虫妈妈还是如愿地完成了这项任务。接下来，它把自己的下半部分完全埋进土里，开始专注地进行产卵。它上身微微抖动，头一起一落地颤动着。这时经常会有一只雄蝗虫来到它跟前好奇地盯着它看，它的个头和雌蝗虫比起来要矮小得多。有时候也会有几只雌蝗虫跑过来，伸着自己胖乎乎的脸一副极有兴趣的模样，好像暗地里默默为自己打气："接下来就要轮到我了呀。"

　　整个过程大约持续了四十分钟的样子，之后，蝗虫妈妈突然从土里一下子跳了出来，它就这么头也不回地向远处跳开了，也不去扫一扫土把洞口保护一下，真是一个草率的妈妈。其他蝗虫可不会像它一样，普通的黑条蓝翅蝗虫和黑面蝗虫产卵时候的情形基本上和意大利蝗虫一样，它们把自己的下半身埋在土里，抖动着头部，上半身拼命使劲，静静地待上半个小时后，这两位产妇最终站了起来。当然它们不会像意大利蝗虫那样一走了之，它们会用自己粗壮的大腿高抬起来扫一些土填进洞里，再用脚严密地踏实。这样洞口就被很好地隐藏起来了，安全系数大增，那些心怀鬼胎的狡诈之徒用肉眼是怎么找也找不到的。很快产卵的地方就恢复成了原来的样子，这位刚刚分娩完的母亲就去吃点儿东西，积攒些力量重新开始产卵事业。

在产完卵之后，它们用自己抬高的后腿开始摩擦鞘翅的边缘，欢快地唱起歌来。母鸡在下完蛋后会"咕咕嘎咕咕嘎"地叫，向全世界宣誓自己的丰功伟绩和母亲的快乐，雌蝗虫也是这样，用歌声传达喜悦之情。

灰蝗虫是我们这儿最大的一种蝗虫了，个性温和，生活朴素，不会对庄稼造成任何的威胁，也很容易观察。在四月底的时候，它开始产卵，雌的灰蝗虫和其他蝗虫一样，肚子下面有四个短短的挖掘器，形状像带钩的爪子，成对地排列在一起，这就是它用来产卵的工具。我们的产妇把自己长长的肚子弯曲着卷起来一点，用这四个钩子咬住地面，翻起一些干燥的土，接下来它把自己的肚子插进土里往下用力，动作非常缓慢，但它并不摆动头部，使人看不出这项工程的难度。这位准妈妈一动不动，全神贯注地履行着自己的职责，不露声色，尽管我们知道它正钻着坚硬的地面。可惜的是我们没办法看到这台钻孔的工具是怎么运作的，因为这一切都神秘地发生在地下。就这样，钻孔机工作得很好，产卵顺利地结束了，蝗虫妈妈用肚子把碎土推到洞里，然后压实。

并不是所有第一次挖掘的位置都适合安置它们的卵，往往在尝试了好几次以后才会最终决定产下来，我所看到的那只蝗虫妈妈在产卵前一共尝试了五个洞才成功，而那些不合适的地方就被果断地遗弃在了一旁，还保持着挖掘过的样子。洞的样子呈垂直的圆柱形，直径大约有一支粗铅笔那么宽，内壁的光滑程度令人赞叹，就算是用人类的工具也无法做得这么好。第六次的尝试终于成功了，总算找到了产卵的合适地点，于是它便开始产卵，整个产卵的过程持续了一个小时。

它的肚子从土里升了上来，排卵管不停地抖动着，分泌出一种有泡沫的奶白色黏液，这跟螳螂用泡沫包住自己的卵一样。这些泡沫慢慢地从洞里升起浮出地面，形成一个凸起，不过很快就变硬了，蝗虫妈妈看到这个突起的保护盖后就自顾自地离开了，不会留下照顾这些卵，没过多久它就会去别处产卵。有的时候泡沫不是很多，只到洞里一半的位置就没有了，不久上面的泥土塌陷下来，整个儿盖住了洞口，这里就完全看不出产过卵的痕迹了。

不过它们并不会瞒过我的眼睛。我用刀尖在沙土中往下挖三四厘米深，很容易就找到了这些盛卵的小桶，它们垂直着插在土里。由于蝗虫的种类不同，这些小桶的形状也是各式各样的，但结构都是相同的。那些产生的泡沫黏住泥土使它变硬，就给这些卵囊做了一个硬硬的保护外壳，那些浸在泡沫里的卵待在这个保护壳里很安全。

灰蝗虫的卵囊是圆柱形的，长约六厘米，直径是八毫米，虫卵是黄灰色的，是长长的纺锤形状，卵囊中虫卵的数量不多，只有三十多枚，但是蝗虫妈妈能产好几次。黑面蝗虫的卵囊稍微有点弯曲，长度可达到三四厘米，直径是五毫米，虫卵是橙红色的，上面还装饰着精致的斑点。蓝翅蝗虫的卵囊则像是一个胖乎乎的逗号，上面鼓起，下面纤细。步行蝗虫卵囊和蓝翅蝗虫是很像的，像个颠倒的逗号，细的那一面朝上，虫卵的数量有二十多枚，呈红棕色，看起来很美，还有斑点装饰的花边，我看得都入迷了，对这些花纹感到惊讶，美真是无处不在啊。

意大利蝗虫在产卵时，还会做一个特殊的保护装置来进一步确保卵的安全，将其生殖器官变成连在一起的两节，上面的那一节是卵囊的附加物，里面只有泡沫，下层则装满了虫卵。除了这个我相信蝗虫肯定还有其他的技艺来做虫卵保护箱，有的简单，有的复杂，我们对它们了解得太少了。那么，就让我们一起去探寻一下那些卵囊和上面的泡沫是怎么形成的吧。

当然直接观察肯定是行不通的，倘若有人想去挖沙子，凑近看一看底下的情况，把它们埋起来的肚子露出来，那这位蝗虫妈妈可就不干了，早跳开了，我们反而什么都得不到。还好，这里的长鼻蝗虫向我们揭示了其中的秘密。

长鼻蝗虫身材很苗条，个头没有灰蝗虫大，它有一双高跷的长腿，那是多么与众不同的大长腿啊，比整个身体都要长。因为腿太长了，它的反应有些迟钝，过长的跳跃工具也影响到它的跳跃，只能笨拙地滑出一条短短的弧线，只有当它依靠那对超棒的翅膀飞起来的时候，距离才比较远。再来看看它的头，多么奇怪啊，是一个拉长的椎体，尖的一头是朝上的，所以人们才叫它"长鼻"。在这个奇怪的脑壳上，还长着一对卵形的大眼睛，眼睛下方两根扁平尖细的触须像两把短刀一样竖起来，这两把短刀是它用来探测信息的工具。

还有一点要提到的是，长鼻蝗虫与其他蝗虫不同的一点是它们非常凶狠残忍，有同类相残的恶习，像螳螂一样，就算是在食物充裕的情况下，它们也会对较弱的同类痛下毒手，大嚼特嚼一番。

也许是在网罩子里关的时间久了，这些长鼻蝗虫总是做出反常的举动，从不把卵产在底下，而是直接产在了露天或者网纱上。十月份刚开始的几天，它们攀住网纱，异常缓慢地产出卵来，刚开始排出的只是泡沫，很快它们就凝固成一条圆柱体的绳子，接着才是虫卵，整个过程会持续一个小时左右，至于那些产后掉在地上的卵会怎么样已经跟它们无关了。

那些排出的卵每次形状都会有所不同，各式各样的都有，开始是稻草一样的黄色，很快就变深了，到了第二天就成了铁锈红。长鼻蝗虫在排出一连串泡沫以后，卵囊也出来了，我们可以看到二十多枚琥珀色的卵浸在泡沫里。

长鼻蝗虫怎么会知道排出泡沫来保护虫卵的方法的，难道它知道螳螂在这方面的造诣，暗地里偷学来的？螳螂通过小勺状的排卵管，像打蛋白似的使黏液起泡沫，不过相对于蝗虫来说这是在体内就完成的，那些黏液出来的时候就已经是泡沫的形状了。不管是螳螂也好，蝗虫也好，并不是它们根据自己的需求来实现这样的建构，一切都是天生的，自然而然就这么做了。其他蝗虫也是这样，它们把卵保护在泡沫做成的桶里，其间并不用依靠特殊的技巧，全部都只是依靠身体内部各个器官之间的和谐配合自动进行的。

八月份，发黄了的草地就成为了长鼻蝗虫和灰蝗虫的孩子们蹦蹦跳跳的乐园了。它们的幼虫只有少部分孵化的时间比较早，很多其他的卵都要度过漫漫的严冬，到来年春暖花开的时候才开始孵化。我们知道如果土质很松散的话，幼虫孵化出来以后能够不费力气就从地下钻出来，可是经过一个冬天的酝酿，土层变得非常坚硬，这个时候就会给幼虫们的出生带来困难，不过不用担心，蝗虫妈妈早就做好准备了。

首先幼虫们出生时头顶上是连接着一根长长的管道的，里面填充着泡沫，它是一条上升的管道用来给新生的幼虫带路，真正可以称作为障碍的只是来自离土地一寸左右处的那部分坚硬的泥土。

所以，其实小虫破土不用花什么大力气，还得归功于蝗虫妈妈做卵袋的时候做的那个附加物。如果把这个附加物去掉，那么小虫就会在探索出口的道路上精疲力竭而夭折，可想而知，这条通道是多么的重要啊，这个附加物在制作的时候设计得是多么的巧妙啊。那么它们又是怎么穿越那层一寸厚的坚硬的泥土的呢？

为了好好观察，我把一些蝗虫卵养在玻璃容器里。这些小虫子刚出生的时候是白色的，包裹着一层保护甲，身体各个部分都贴紧胸部和肚子，后腿也折叠起来没有成形，开始往上爬以后，它的腿就微微地伸展一点。小虫子的挖掘工具和蚱蜢类昆虫一样，位于后颈那里，那是一个小泡囊，一会儿鼓起一会儿瘪下，就这么来驱赶坚硬的泥土有时还会有碎石子，真是艰难啊，过去了一个小时，小虫才前进了一毫米，看来要是没有蝗虫妈妈给它做的通道，它十有八九是会死去的。相比之下，蚱蜢类昆虫就没有这样的通道，所以它们的死亡率很高。这也进一步说明了，为什么蚱蜢的数量比蝗虫少那么多。

我还想补充一下的是，当小虫子终于在自己的不懈努力下钻出土地，稍微休息一下后，它的保护甲忽然之间裂开了，它把自己的后腿从里边抽出来，获得了最终的自由，起先弯曲的腿都伸展开来，现在它可以快快活活地跳跃了。

蝗虫的最后一次蜕皮

　　在我的观察对象灰蝗虫的试验中，我有幸目睹了一次它整个的蜕皮过程，真是太了不起了！灰蝗虫的体形庞大而且有些胖乎乎的，非常适合用来观察。

　　灰蝗虫通常情况下身体是淡绿色的，不过有时也会出现一些其他的颜色，后腿强壮有力，还不时点缀着红色的条纹，小腿的两侧长着锯齿，流线型的前胸长着许多小小的圆齿和突起，以及白颜色的小斑。鞘翅目前还比较短，将来它们还会继续长大，直到盖住整个肚子。鞘翅的下面拖着一条细细的带子，等将来它们就是翅膀了，样子比鞘翅小很多。好吧，那让我们来仔细看看它是怎么蜕皮的，怎样从一件外套里钻出一对优雅的大翅膀吧。

　　当蝗虫觉得自己好像要开始蜕皮的时候，就会用四肢紧紧抓着铁丝网，用后腿勾着倒挂在上面，鞘翅尖向两边慢慢地裂开，那两个翅膀较原来状态稍稍竖起来一点，分开一点，蝗虫要摆好姿势，稳住自己的身体。

刚开始裂开的是破旧的外套，胸部前面剧烈地一伸一缩抖动着，也许整个外壳里面都在做着这样的抖动。蝗虫的血液膨胀得很厉害，身体猛烈地抽动，在这样的力的推动下，外壳受到挤压开始沿着一条细缝逐渐裂开，一直向后延伸到连接翅膀的地方。蝗虫的后背露出来了，它是柔软而苍白的，蝗虫后背就这么慢慢地隆起，持续到完全从外壳里显现出来。接着头也跟着露出来了，保存得很好，触须也是完好无缺的。紧跟着前腿也完好地从里面抽出来了，外壳的形状没有发生丝毫的改变，轻而易举就摆脱了原来的束缚。整个蜕变过程没有对自身造成一点儿的损坏，简直太完美了。整个过程它一直都是用自己的后腿上的小勾子将自己固定住的，如果这些小勾子松开的话，它就会掉下来。现在，翅膀和鞘翅也伸出来了，它们看起来短小而残破，十分柔软，耷拉在身体的两边。最后，后腿从里面露出来了，是浅浅的粉红色，很快又变成了颜色艳丽的胭脂色。由于后腿粗壮有力，脱掉这一段非常的轻松，可是小腿就不一样了，我们已经知道，小腿上长满了锯齿，这些锯齿每一个都紧紧地套在外壳里，它们像马刺一样锋利，要想挣脱可没那么容易，这是我认为的，但是我错了。当它们从里面抽出来的时候，外壳仍然保持着原状，一点都没有遭到破坏，而轻轻地吹一口气那层外套就会随风飘散，我简直不敢相信自己的眼睛。

照理说，这两排小锯子会因和外壳发生摩擦而把它扯坏。但是，这些小刺从里面出来，没有一点撕扯，外壳在脱下来之前和脱下来之后一模一样，就算是用放大镜也看不出一点儿用力过猛的痕迹，简直太不可思议了。

它现在还非常的柔软，甚至不能走路，不过它很快就会变硬。相比之下小腿更虚弱一些，也更柔软和具有韧性，我们甚至可以说它们像液体一样具有可流动性，那些原本锋利的尖刺也柔软异常。这些小软刺从外壳里出来的时候一律向后倒伏，但随着小腿从里面抽出来的节奏，变得越来越硬，我看到的与其说是脱壳的过程，还不如说是一次新生的过程呢。

现在已经差不多了，基本上完成了蜕皮，只是肚子上面的部分和抓住铁丝网的小勾子目前还在壳里，它向下倒吊着，头朝下，准备着进行最后一次用力，彻底结束这个过程。

蝗虫静静地待着，身上还拖着一件破旧的外衣。突然它的腹部明显突起，小勾子还紧抓着，脊背猛地一用力，一跃而起，像一个有着高超技艺的杂技表演家，接着往上爬去，抖动着身子，旧外套也就自然地脱落了，掉在地上。

蝗虫掉下来的旧壳让我想起了蝉，蝉的壳非常牢固，它可以坚固地粘在树枝上一整个冬天过去都不会掉下来。蝗

虫蜕皮的过程基本和蝉一样，可为什么蝗虫的壳那么容易就
掉下来了呢？蝗虫在蜕皮的时候必须勾住一个支点固定自己
的身体，如果它还没有完全脱离外壳，就不会使它掉下来，
一旦完成了蜕变，只要轻轻地一震动，外壳就轻而易举地掉
落下来，蜕下的壳多么不具有稳定性啊。实际上蝗虫在脱壳
的时候从没有用过很大力气，因为外壳的稳定性太差了。又
或者因为万一它用的力气太大掉下来了，那就糟了，它再也
无法从里面出来，只能慢慢等死，所以它是把自己从壳里缓
慢地滑出来的。

　　刚刚在最后的时候，蝗虫猛地一跃立了起来，同时也
使得翅膀和鞘翅回归原位了，现在它们也不像之前那么柔弱
弯曲了。蝗虫的翅膀如果展开来就像一把扇子，翅膀上的翅
脉纵横交错形成好看的网格图案，现在看不到了，它们好像
被压缩折叠了，变得只有一个小包一样大。可是当翅膀从肩
膀处慢慢展开时，便出现了一片透明的部分，上面布满清晰
的网格图案，它慢慢地越变越大，一端在展开，还有一端在
不成形地凸起，尽管我已经十分努力了，但这种变化的过程
真难看清楚，我的目光简直无法离开它，还是让我们稍稍等
待片刻吧。

　　我拔下一片只发育到一半的翅膀，放在显微镜下面观
察，我在网格两端的连接处，看到了粗大的竖翅脉和交错在
一起的横翅脉。我们能得到的结论是，这对翅膀并不是后来

编织形成的，而是原先就存在了，是完整的一块，它要做的只是等待着在蜕变的时刻，展开然后变硬。

经过漫长的三个小时的时间，翅膀总算彻底展开来了。鞘翅和翅膀在蝗虫的后背挺立起来，有时候呈透明状，有时候呈浅绿色，薄如蝉翼，一如最初的形态。这时想到它刚蜕完皮时候的小小的模样，我不禁感到万分诧异，它们到底是怎么做才把翅膀压成如此小的一个包的？

到了第二天，蝗虫的翅膀已经完全变硬了，也开始有了颜色，蝗虫就可以非常自如地折叠起它的大翅膀，也可以把鞘翅收起来放在身子的两侧，我宣布，蜕变结束了。余下的日子，大蝗虫只要喜滋滋沐浴在阳光里，把翅膀的颜色晒得更深一点就好了。

我还想回到前面再去看看，有一个疑惑一直困扰着我。我们已经看到，蝗虫伸展出了健硕的翅膀和鞘翅，上面有优雅清晰的网格状脉络，但是它们到底是怎样才能压缩得那么小？当被压缩在那个小包里面的时候，它是什么形态的呢？难道起先那些短小的残翅只是一个模型？蝗虫按照想要的样子编织塑造了那些将来的大翅膀大鞘翅，并且在上面编织？

为了搞明白这一点，我用放大镜观察还是幼小状态的小翅膀，它已经是发育了的，马上就可以蜕变。我看到了翅膀，它是呈扇形向外辐射状，其中还穿插了一些其他的翅脉，它就是将来巨大的鞘翅的原始雏形。它看起来是那么的简陋，跟长大以后完全不同。原来，这些幼小的翅膀并不是成熟翅膀的模型，它并不是按照自己的样子来塑造将来的鞘翅。

在小翅膀和小鞘翅的周围都有一个呈半透明状的小球，看起来十分精致。小球里面能隐约看到一些模糊的线条，看来这就是为将来翅膀要形成的花纹做的准备，在这里已经为所有花纹的形状和位置都做好了准确的定位。它就像是一张工程的设计蓝图，一切都已规划妥当，都被细致地勾勒出来。

让我们赞美生命吧，它诞生的方式有成千上万种，如此精妙耐人寻味，值得我们去思索，但是要想获得这些神秘的答案，我们还需要耐心等待，只有这样才能见证这些超乎寻常的震撼画面。

大孔雀蝶

　　这真是一个难忘的蝴蝶之夜啊。

　　有谁不知道大孔雀蝶吗？它是欧洲最大的蝴蝶。它是一种全身披着红棕色绒毛的蝴蝶，脖子上系着一个白色的领结，它的美貌令人咋舌，翅膀上还点缀着黑褐色和灰色的斑点，横贯中间的是一条淡淡的锯齿形的线，翅膀四周有一圈灰白色的边，中央有一个大大的黑眼睛，有黑得发亮的瞳孔和闪着很多色彩的眼帘，眼帘是由黑色、白色、栗色和紫色的弧形线条组合起来。

　　在大孔雀蝶还是毛毛虫的时候，就已经是光彩夺目的了，它身体是黄色的，包裹着细细的黑色绒毛，还有一颗珍珠镶在尾部。它的茧十分奇特，是漏斗状的，粗粗壮壮的，喜欢贴着杏树的根部，以杏叶作为食物。

　　五月六日的早晨，在昆虫实验室里的桌子上，我亲眼看着一只雌的大孔雀蝶从茧里钻出来，身上还有点潮湿。我马上把它罩在一个金属罩子里。这么做没有别的什么目的，只是一种习惯而已。我老是喜欢搜集那些新鲜有趣的东西，把它们放到透明的罩子里慢慢欣赏。

　　我很庆幸自己用了这种方法。为此我获得了意想不到的收获，晚上九点钟左右，在大家都准备上床睡觉的时候，隔壁的房间里突然传来很大的声响。小保罗光着身子，在屋里又蹦又跳，把椅子都打翻在了地。我听到他叫我的声音。"快来，快来啊！"他喊道，"快来看这些蝴蝶，它们跟鸟一样大，满房间都是！"

　　我赶紧跑进去一看，保罗的话一点儿都没错，他这么激动是合情合理的。房间里的确充满了那种大蝴蝶，已经有四只被他抓住放在笼子里了，其他的都拍打着翅膀在天花板下面飞舞着。看到这样的情形，我立刻想起了早上那只被我关在金属罩子里的蝴蝶。

　　"快把衣服穿好，"我对儿子说，"把鸟笼放下，跟我来。我们马上就要看到更有意思的事儿了。"我们立刻下楼，来到我的实验室，在房子的右侧。厨房里的仆人已经被这突如其来的事情吓得不知所措了，她正用她的大围裙扑打着这些大蝴蝶，起先她还以为它们是蝙蝠呢。

　　我们点着蜡烛走进实验室，一扇窗开着。我们看到了难以忘怀的一幕：那些大蝴蝶在金属罩子里，随心所欲地上下飞舞着，轻轻地拍着翅膀，一会儿冲到天花板上，一会儿又俯冲下来。它们向我手中的蜡烛扑来，用翅膀把它扑灭。它们还停在我们的肩上，拉扯我们的衣服，擦过我们的脸。小保罗比平时更紧地抓着我的手，想努力保持镇定。

这里一共有多少蝴蝶？大约有二十只，加上那些在别的房间里迷路了的，有四十只左右。这四十位情人来向那天早晨才出生的这位新娘献上自己的真心了。

今天，我将不再去管那些恋爱中的情人，它们受到烈火的洗礼，已经损失惨重，还是继续观察吧。

在我进行观察的八天时间里，每天都会发生同样的一件事，蝴蝶们总是在晚上八点到十点之间陆陆续续地飞来，这时有一个共同特点，天空一片漆黑，伸手不见五指，暴雨将至。除了黑暗，它们还必须跋山涉水，穿过我家门前的重重树木的阻碍，迂回蜿蜒才能到达，不过它们总是能到达。

在如此恶劣的天气条件下，就连强壮的猫头鹰都不敢轻易离开自己的巢，可大孔雀蝶却能毫不犹豫地飞出来，而且不受树木的阻挡，顺利到达目的地。虽然一路上障碍重重，但是它们还是顺利地到达了目的地，没受一点伤，一个个神采奕奕，充满能量，对它们来说黑暗算不了什么。

就算大孔雀蝶能看到超过它以外的东西，但它们和我的实验室之间隔着那么长的距离，不可能透视着看到里面的雌蝴蝶啊。况且它们对光特别的敏感，会因无法抗拒光的诱惑而去往错误的地点。就像之前在我家里，有一些蝴蝶并没有去我的实验室，而是去了对面我的孩子们的房间，同样的，厨房里也有很多迷路的蝴蝶，这些房间里都有明亮的灯光啊。

在那些黑暗的地方，我往往能找到很多迷路的大孔雀蝶，而且在囚禁着蝴蝶的实验室里，那些来访的客人并不都是从窗口这个最近的地方进去的，有些是从大门进入的。倘若我们假设蝴蝶们是通过光的折射来获取信息的，那么它们为什么不都直接从最近的窗口飞进去呢？看来事实不是这样的，必定是还有什么别的东西在起作用，向它们发出讯号，并引导着它们去发现。听觉和嗅觉会辅助视觉，给我们大致地引导方向。

有人猜测，指引那些正在发情期的大孔雀蝶在黑夜寻找爱人的感应器是它的触须，这是真的吗？还是让实验来告诉我们吧。

昨天入侵我们家的蝴蝶还有八只留在实验室里，它们紧紧地趴在关着的窗户上，这正是我需要的实验对象。

我用剪刀小心地齐根剪去了它们的触须，放心吧，我并没有伤害它们，它们也完全不拿这当回事儿，甚至连翅膀都没扑腾一下。一整天它们都安静地趴在窗子上不动弹。为了保证实验的真实性，接着我要给关着雌蝴蝶的金属罩子移动位置，我把罩子放在离实验室大概五十米的房子的另一面，看看它们没有了触须，在黑暗中还能不能找到雌蝴蝶。

黑夜来临了，我去看望实验室里的那八只蝴蝶，只有两只还留在那里，其余的六只都从窗子里飞走了。那两只蝴蝶都掉到了地上，奄奄一息，就快要死了。不过我要说明一下，这并不是我剪去蝴蝶触须的错，就算我不做任何事，它们也会死去的。另外的六只精力比较旺盛，所以它们飞走了。

那只囚禁着雌蝴蝶的金属罩子被安置在露天的黑暗里，我不时举着灯和捕网去那儿看看，只要抓住那些找到这儿的蝴蝶，确认后便把它们关到一间宽敞的屋子里，这样的方法很好，不会重复计算同一只蝴蝶。过了十点半，再也没有蝴蝶过来，实验暂时告一段落，我点了一下，总共抓了有二十五只蝴蝶，其中没有触须的只有一只，而昨天实际上是有六只蝴蝶离开了我的实验室的。这个实验结果并不能使我满意，也不能得出准确的数据。看来我必须做一次更大规模的实验才行。

第二天一大早，我就去看望昨天晚上抓到的那二十五只蝴蝶，有很多都已经掉在了地上，有气无力的，真是不能对它们抱太大的希望。我对其中二十四只新来的蝴蝶也做了一次手术，剪掉它们的触须，现在原先那只几乎快要死亡了。我再一次移动了雌蝴蝶的位置，并保证通往它的道路并无障碍。接下来我把大门打开，让它们自由出入，可惜只有十六只飞了出去，其余的已经筋疲力尽，无法飞起来了，它们也会很快死去。在那被剪去触须的蝴蝶当中，会有多少只回来呢？结果令我大失所望，一只也没有，当天晚上来的七只蝴蝶全是陌生的，有着完整的触须。可我还是心有疑虑。是不是它们因为被剪去了傲人的美丽触须，自惭形秽，不敢再来求爱？还是就是因为缺少了这件感应器做向导而无法前来？又或者是因为等待的时间太久了，它们已经没有耐心了，索性放弃了？让我们继续来做实验吧。

到了第四个晚上，我又抓来了十四只新的雄蝴蝶，把它们关在房间里度过漫长的黑夜，第二天，我趁它们安静不动的时候剪去了它们肚子上的绒毛，这只是做标记而已，让我可以很快地认出它们来，但不会造成任何的影响。这一次它们全都飞到屋子外面去了。当然，我再一次调换了金属罩子的位置。在两个小时的时间里，我一共抓到二十只蝴蝶，其中只有两只是我先前剪掉绒毛的，前天那些被剪去触角的就更没有了。

只有两只飞回来，那么另外的十二只干吗去了呢？还有，为什么在过了一夜以后，总有很多蝴蝶变得疲劳不堪呢？

大孔雀蝶一生中唯一的愿望就是寻找配偶，为了实现这个目标，它们有一种很特别的天赋：不管路途多么遥远，道路是怎样的黑暗，途中会有多少艰难险阻，它们总能找到自己的爱人。在它们的一生中只有两三个晚上的几个小时去找它们的爱人。如果在这期间它们无法找到的话，它们的一生也将就此结束。

大孔雀蝶活着就是为了繁衍后代，它从不吃东西。当许多别的蝴蝶成群结队地在花园里飞来飞去快乐地吮吸着蜜汁的时候，它也从来不会为之动容。嘴巴只是用来装饰的工具而已，它从没用它吸过一口蜜汁。这样，它寿命短暂是必然的了，只是短短两三天的时间，只是用来寻找一个伴侣而已，即便如此它也无怨无悔。

所以说，那些被剪去了触须的蝴蝶没有飞回来并不意味着它们没办法找到那个金属罩子，也不是因为剪去了触须它们的身体受到了严重的损害，那是因为它们的生命结束了。实验并未得出任何有价值的结论，大孔雀蝶触须的作用依然无法知晓，这将一直作为一个谜存在，不管是现在，还是以后。

那只被我关在金属罩子里的大孔雀蝶活了八天时间，每天我都利用它引来一大群雄蝴蝶，总是把它待的地方换来换去，这八天来被我抓到的蝴蝶总共有一百五十只。这数量真让人感到惊讶，在我家附近很少有大孔雀蝶的茧，毛虫喜欢的杏树也寥寥无几，我曾经费尽心思把这里几乎翻了个底朝天都没抓到几只，看来，这几天飞来我家的蝴蝶都是从很远的地方来的。它们怎么可能感知到我这里的情况呢？

我们知道，有三种元素可以通过远距离进行传播，分别是声音、光线和气味。我们在大孔雀蝶的实验当中能不能说它们就是依靠视觉的呢？我想答案是明确的，它们从开着的窗户进来，用视觉辨别雌蝴蝶的位置可以解释，但是如果它们在遥远的地方就能越过层层阻碍，透视出我房子里的情况，简直是无稽之谈。

再看看声音，被我囚禁的那只雌蝴蝶即使能从遥远的地方召唤它的追求者前来，但是它目前一直十分安静，最敏锐的耳朵都无法探听到，况且那些求爱者远在千里之外，根本不可能听到，这个猜想也不可能实现。

那么只有考虑第三种因素了，气味。气味在广大区域里散发，比其他两种更有效，更能用来解释为什么那些大群的蝴蝶千里迢迢能够找到它。是否真的存在着一种气味能被敏感的昆虫感知到，而我们人类却不能。我觉得我们有必要来做一个实验，用一种更加强烈的气味来掩盖住蝴蝶之间隐秘的气味。

在大孔雀蝶们来到放着金属罩子的房间里之前，我在那里洒满了樟脑丸，在雌蝴蝶旁边也放置了一个放着樟脑丸的小碟子，这下整个房间里都弥漫着一股刺鼻的气味。令人失望的是，这个实验还是失败了，大量的雄蝴蝶依然非常顺利地找到了它们的心上人，似乎一点儿也没有被周围的环境干扰。我快要放弃气味论的想法了，而且没过多久雌蝴蝶也死去了，临死前产下了一些没有受精的卵。下一次我一定要好好准备。

　　夏天来临的时候，我以丰厚的报酬向邻居家的小孩子买大孔雀蝶的毛虫，他们去山林里玩的时候就满心欢喜地四处搜寻那些毛虫，找到后经常送去我家。我用杏叶喂给毛虫吃，没过多久它们就结茧了。经过我不懈的努力和许多朋友的帮忙，我已经拥有了很多虫茧。但是变化莫测的五月份到了，天气骤然变冷，我的蝴蝶虫茧们孵化得很慢，即使孵化出来也都是些迟钝痴呆的蝴蝶，在雌蝴蝶的罩子四周远道而来的雄蝴蝶少之又少，一点儿也没有求爱的激情，这附近其实是有很多雄蝴蝶的，我总是把孵化出来的雄蝴蝶放到外面去。也许是因为温度的关系吧，气温越低，气味散发得越慢。

　　我并没有放弃，又开始了第三次的实验，来年五月份的时候，我再一次收集到很多虫茧，这一次的天气好极了，正是我需要的，也出现了像第一次一样雄蝴蝶入侵我家的大场面。每天夜晚来临的时候，就有成群结队的蝴蝶涌入我家，有时是十只，有时是二十只，有时更多。而雌蝴蝶呢，只是抓着金属丝网，完全不为所动，在我家没有人听到或者闻到任何东西。

　　雄蝴蝶们都努力想设法进入关着雌蝴蝶的金属罩子，围着那里转圈圈，或者用力拍打着翅膀，当然它们之间没有什么争端和不满，只是尝试用自己的方式来进入。但当它们被失败挫伤感到厌倦的时候就飞走了，不过很快又会有新的雄蝴蝶去尝试。

每天晚上照例我是会移动金属罩子的位置的，一会儿这儿一会儿那儿，有时连我自己都被搞得晕头转向，但是这对雄蝴蝶来说却是小菜一碟，能够不费吹灰之力很快找到。

记忆在这里不起任何作用，譬如前一天夜里雌蝴蝶被放置在房子的某处，前来求爱的雄蝴蝶在那里飞舞了两个多小时，有的甚至没有离开过，到了第二天傍晚，我再一次移动了罩子的位置，把所有的蝴蝶都赶到屋外，有些精力旺盛的雄蝴蝶还能够进行第二次的求爱，当它们再一次来寻找的时候，没有一只因为记忆而来到昨天的地方，一种比记忆更准确的信息引导着它们搜寻出雌蝴蝶的新位置。

到现在为止，雌蝴蝶一直是被关在透明的罩子里的，那如果把它关在不透明的地方又会出现什么样的情况呢？不同材料的容器是不是也会有影响呢？

于是尝试着把蝴蝶关进各种不同材质的盒子里，有铁的，有木质的，还有纸质的，所有的盒子都被我封得严严实实的。果不其然，在密封的条件下，不管我用的是什么材料的容器，都没有一只雄蝴蝶飞过来，封闭的盒子完全隔断了气味的传播。厚厚的棉絮也能有这样的效果，在敞口的空气上面放上一层棉絮当作盖子，也能使气味不透出去，没有一只雄蝴蝶赶来。

但是，即使我只是稍微打开一点盒子，再把它藏在非常隐秘的地方，如房间衣橱或者抽屉里，还是会有大量的雄蝴蝶前来，咚咚地在外面乱撞。看来气味就像无线电传播一样，只要不密封就能很好传达出去，气味论的可能性很大。

　　我的蝴蝶茧已经用光了，我放弃继续进行试验。原因很简单，因为蝴蝶的交配总是发生在黑暗里，这对我的观察大大不利，如果要细心观察必须借助灯光，但是蝴蝶对灯光异常敏感，它们会毫不犹豫地扑向灯火，就算是最柔和的灯光也会对观察结果产生很大的影响，它们对这太痴迷了。如果不借助灯光，我又无法看到。希望有朝一日我能得到一种在白天就举行婚礼的蝴蝶。

树　蛾

　　事实上，我后来真的得到了这样的蝴蝶。有一天，一个七岁的小男孩来卖西红柿和萝卜，他从口袋里掏出一样东西给我，是一个非常漂亮的黄褐色虫茧。根据生物学的知识，我几乎可以得出结论，这就是一只树蛾的虫茧。如果真是这样，那真是太棒了，我可以利用它，把大孔雀蝶研究中的谜团继续解开。

　　听说只要一只雌蝴蝶刚刚孵化出来，就算隔得很远很远，都会被草地上、丛林里的雄蝴蝶们知道。雄蝴蝶们就开始凭借神奇的指引，奔向那个盒子。当然这些事我是从书本上知道的，自己并没有亲眼看到过，我很期待那只树蛾的茧给我带来惊喜。树蛾又叫小条纹蝶，它的身上披着一件天鹅绒质地的浅红色长外衣，上面还装饰着浅色的横条纹，前面的翅膀上还长着眼睛一样的白色小圆点。树蛾在这里不是非常常见的蝴蝶，如果你特意去捕捉它们，非常有可能空手而归，我在这里住了二十几年了，从没有见到过它。我又拜托那个给我虫茧的小男孩再去帮我搜寻，也发动了其他年轻的小伙子帮我一起找，但是一个也没找到，它在我们这个地方太稀有了。

我只有这只独一无二的树蛾虫茧了。当小蝴蝶从里面孵出来的时候，肚子鼓鼓的，穿着一身大蝴蝶那样的天鹅绒外衣，只是颜色要浅很多。我把它关在曾经关过大孔雀蝶的金属罩子里。我的实验室里有两扇窗户，一扇开着，一扇关着，树蛾就被安放在它们之间。小树蛾日渐长大，变得越来越强健，越来越动人，我知道用不了多久，就会有大量的求爱者来到这里，使这里热闹非凡。如果我们能弄明白小雌蝴蝶的体内到底发生着怎样的变化，能够解开这其中的奥秘，那真是再好不过了。

到了第三天，这一切开始了，我家俨然成了一个热闹的婚庆场所。那是下午三点钟左右，天气炎热，我正在花园里，忽然看到一大群蝴蝶在实验室的窗子外面飞舞着。它们飞出飞进，或者靠在墙上休息，我望向远处还能隐约看到许多其他的蝴蝶正风尘仆仆从四面八方向这里赶来。我马上来到实验室一看究竟，场面真是太惊人了，我看到了那天像大孔雀蝶一样的场景，只是这一次更令人震撼。在房间里飞舞的蝴蝶总共约有六十只，它们看上去都兴奋极了，有的来回地从窗子里飞进飞出，有的抓着金属罩子的外面。只有小雌蝴蝶静默地待着，毫无表情。

它们在白天的三个小时时间里拼命地喧闹、飞舞，但是，等到傍晚来临，温度慢慢降低的时候，很多蝴蝶都飞走了，只有少数留了下来，找地方休息，为明天再一次的求爱而攒足精神。但是一件悲惨的事情发生了，实验被迫宣告结束。就在当天晚上有人送了我一只小螳螂，体形特别小，当时我有点心不在焉，匆忙间把它和树蛾关在了一起。对此我并没有担心，因为小螳螂实在太小了，而蝴蝶则肥肥壮壮的，应该不会有什么问题。

可是，我真是大错特错了，我太不了解螳螂这种嗜血的天性了！第二天等我再去看时，被眼前的情形惊呆了，瘦小的小螳螂正在啃咬着这只肥美的蝴蝶，蝴蝶的头和胸都已经被吞食了。之后整整三年，我都因为没有找到实验对象而无法继续研究下去。

虽然遭逢厄运，但我还是为之前取得的一点小小的成就而沾沾自喜。只一次，雌蝴蝶就能一下子吸引六十只雄蝴蝶不远万里前来，实在太惊人了，要知道这些蝴蝶在这附近是非常少有的。

就这样三年过去了，我终于再一次得到我日思夜想的树蛾虫茧了，在几天时间里，它们相继孵化了出来，其中有一只是雌的小蝴蝶。接下来我把用在大孔雀蝶身上的实验又进行了一次，这些前来求爱的雄树蛾们一点也不比大孔雀蝶逊色，非常轻松地就识破了我的圈套。但如果把装雌蝴蝶的盒子封死的话，雄蝴蝶会不会就一点也没有办法了呢？

我又再一次萌发了在树蛾身上重复气味的实验。浓烈的气味会不会盖住雌蝴蝶身上的味道，影响雄树蛾行进的道路呢？

我在关着雌蝴蝶的罩子里放了十几个小盘子，还有一些放在罩子外围，小盘子里有各种各样气味刺鼻的东西，有樟脑丸，有石油，有薰衣草香油，还有臭臭的化学药品，就是为了使这里的气味足够浓烈。那么，这些味道刺鼻的浓烈气味会不会使雄蝴蝶们迷路呢？

答案是，不。为了进一步增加难度，我接着用一块厚厚的布遮住了罩子，但是三个小时的时间里，那些热情的雄蝴蝶们还是蜂拥而至，它们一点也没有被那些可怕的气味影响到，还是顺利地找到了雌蝴蝶的位置，还试图从厚厚的遮布那儿钻进去，这个计划还是失败了。

这个实验很确定地说明了雄蝴蝶对辨别雌蝴蝶气味的敏感度。后来我又偶然观察到一个奇特的现象。

有一次，我想探索视觉在雄蝴蝶寻找伴侣的过程中是否起着作用，所以我把雌蝴蝶放在了一个密封的玻璃容器里，这个透明的容器就放在一个十分显眼的位置，雄蝴蝶们进来的必经之路上。还有一个小罐子是昨天用来装雌蝴蝶的，因为它总是碍手碍脚的，所以我就把它放在了角落里，大概是离窗口有十几步远的距离。

接着发生的事令我瞠目结舌，那些从窗口飞进来的雄蝴蝶们没有一只在玻璃容器前面逗留，雌蝴蝶就在里面，它们只装作没看见，却全部都飞到角落处的小罐子那边，在那里吵吵闹闹，好像里面真的就有一只美丽的雌蝴蝶似的。一直到太阳落山，它们才飞走，还有一些都舍不得离开呢。

它们到底怎么了呢？是受到了什么东西的蛊惑？原来，只要是雌蝴蝶的肚子长时间碰到的东西都会留下它的气味，这些气味就是一切的源头，它们会发出诱惑的讯号，召唤着来自远方的雄性。

所以，我们说，是嗅觉在引导着雄蝴蝶们，它们只相信嗅觉，而不信任视觉。于是我又开始继续做实验，早晨，我把蝴蝶又放进罩子里，让它停留在一小根树枝上一会儿，这根树枝上就满是它的气味。当雄蝴蝶快要来临的时候，我取出了这根树枝，把它放在靠近窗口的位置，而真正装着蝴蝶的金属罩子则离得远一些。果然，那些雄蝴蝶们没有一只去靠近金属罩子，而全部都在树枝那儿飞舞着，就这么闹腾了一下午，太阳落山的时候气味几乎散尽，它们就陆续飞走了。

看来的确是雌蝴蝶用自己独有的气味来诱使远处的雄

蝴蝶来到它的身边，这种气味微乎其微，嗅觉再灵敏的人都没办法闻到。只要是雌蝴蝶暂时栖息过的地方都很容易就留下它的气味，只要沾上了这些气味，那么雄蝴蝶一时会被这个沾上了气味的东西吸引，而冷落了真正的雌蝴蝶。

根据蝴蝶种类的不同，它们传播气味讯号的时间也各有不同，年幼的雌蝴蝶可能需要一段时间才能使散发气味的器官成熟。

黄　蜂

　　在九月里的一天，我和我的小儿子去外面散步。小保罗的眼力非常好，再加上注意力特别集中，这些都对我们十分有利。我们两个饶有兴趣地欣赏着小径两旁的景物。忽然，小保罗指着不远的地方，对我喊了起来："快看！一个黄蜂的巢，就在那边！一个黄蜂的巢，绝对不会有错！"小保罗看见一种行动非常快的东西，一个又一个地从地面上飞跃起来，迅速地飞走，好像那些草丛里面隐蔽着小小的即将爆发的火山，马上要将它们一个个喷出来一般。

　　我们小心谨慎地慢慢靠近那里，生怕一不小心，惊动了这些野蛮的动物，引起它们对我们的攻击，那样的话，真是太可怕了。一想到这个我就不禁打了个冷战。

　　为了捉到几只黄蜂作为我的研究对象，我必须身先士卒，亲自去征服它们。我采用的方法是简易省事的窒息法，需要准备的材料有一根长空心芦苇和一团事先揉过的黏土，这是我所有的工具。我希望在我使用了这个方法以后，通过控制窒息药物的量，能有几只幸存的火黄蜂留下来。我们准备在一个暗夜的九点钟做这项工作，小保罗和我一起出去。

黄蜂的窝在地底下，如果直接把汽油从这个洞里倒进去，那可是蠢到家的行为，别自以为成功了，其实还没到达黄蜂巢就已经被泥土给吸收了，当第二天满心欢喜挖掘黄蜂窝时，只能铲出一大群暴怒的黄蜂。为了避免这样的情况，我们还需要一根空心的管子。只要把这根管子插进黄蜂的窝里，最好有个漏斗，然后向管子里倒入汽油，等全部倒入以后，再用黏土把洞口封起来，就大功告成了。我和小保罗就在一个凉风习习的夜晚这么做了。

我们只带了一盏灯，还有一个手提袋，里面装着可能需要用到的工具。远远的我们还能听见远处农家的狗在互相叫着，猫头鹰在橄榄树的高枝上咕咕地叫着，蟋蟀在茂盛的草丛中弹奏着动人的乐曲。好学的小保罗向我问起很多关于昆虫的问题。为了不让他失望，我将我所知道的一切都告诉了他，希望通过努力地回答满足他的好奇心。在这样一个快乐的抓捕黄蜂的夜晚，我们忘记了困倦和可能会被黄蜂蛰伤时的痛苦。

当然，将芦苇管插入黄蜂的洞穴，需要一些技巧。因为有时候，黄蜂警卫室里的侍卫可能会突然警觉地飞出来，毫不客气地攻击那个畏畏缩缩没有防备的人的手。为了防止这种不幸的事情发生，我和小保罗中的一个人，在一旁把风，时刻警惕着，并用手帕不停地驱赶着飞舞着的守卫。这样一来，即使最后有一个人的手不幸被蜇中，疼痛难忍，也不用为这可以忍受的代价喊冤。

在石油流入土穴中以后，我们便听到地下传来黄蜂沙沙沙的喧闹声。然后，我们很快地用湿泥将孔道封闭起来，一脚一脚地踏实，使封口非常密实，从而使它们无法逃脱。现在，一切准备停当了。于是，我和小保罗就回去睡觉了。

第二天一大清早，我们带着铁铲回到了黄蜂窝，找到了那根昨天留下的管子，开始往下一铲一铲地挖掘，非常小心而谨慎，在挖了有大约半米的地方，终于看到了一个完整的黄蜂窝，牢牢地悬挂在一个圆顶的洞穴的上壁。

这个窝真是一件了不起的艺术品啊！它有一个南瓜那样大。除去顶上的那部分以外，四周都是悬空的，顶上长有很多的根和茎，穿透了很深的洞壁进入墙内，和蜂巢连接在一起，把蜂巢跟洞顶牢牢地固定住。如果那地方的土是软的，它的形状就是圆形的，各部分都会同样的坚固。如果那地方的土地有很多沙子，黄蜂挖掘时就会遇到一定的困难，蜂巢的形状就会随之有所变化，不会那么整齐。

在蜂巢和洞壁的旁边，常常会留有手掌宽的一块空隙，这块地方是供行走的街道。这些辛勤的建筑工人可以在里面自由地穿行，继续不停地进行它们各自的工作，用它们自己的双手，使它们的巢更大更坚固。通向外面的那条孔道，也通向这里。在蜂巢的下面，还有一块更宽广的区域，呈圆形，如同一个大圆盘，它们总是不断扩建新房，这可以用来增大蜂巢体积。它还有另外一个用途，那就是堆砌废弃物品的垃圾桶。

我们不禁要问，这个地穴是黄蜂亲自挖掘出来的吗？关于这一点，我们是用不着怀疑。如此又大又深、如此整齐的洞穴，在自然界难道还有现成的？最开始，第一个建造这个巢的黄蜂，也许是利用了鼹鼠的洞穴，它偶然发现了这个藏身的场所。后来的那些洞穴却全是它们自己挖掘的。而且，黄蜂的洞穴外面非常的干净，那么，它们挖出的泥土被搬运到哪里去了呢？

我们知道参与挖掘这个庞大的建筑物的黄蜂有成千上万只，必要的时候，还要将蜂群扩大。那些黄蜂，飞到外面来的时候，每一只身上都背负着一个小土粒，飞到很远的地方，把它抛弃在那儿，只不过有的飞得近一点，有的飞得远一点，仅此而已。所以，我们什么也看不到，门口非常干净，一点儿垃圾的痕迹也看不到。

黄蜂的巢是用一种又薄又有韧性的灰色材料做成的，有点像是我们常见的纸质。蜂巢的上面很多条纹，颜色根据木质的不同而有所改变。如果蜂巢只是用单层的纸来做的话，只能稍稍抵御一点寒冷。但是如果是用多层的鱼鳞状纸，一片片松松地铺起来做的话，就能起到很好的保暖作用，它们像一块毛毯那样温暖，厚实而多孔，这样一来，当外壳的温度较高时，里面也不会非常热。

黄边胡蜂在黄蜂家族堪称首领，它们精力旺盛，善于战斗，在筑巢方面也是采用的圆形结构。在柳树的树洞中，或是在空的壳层里，它利用木头的小碎片黏合，做成黄色的纸板。它就利用这种材料来包裹它自己巢的。一层层地重叠起来，就像个凸起的大鳞片一样，可想而知这会有多么暖和啊！这些大鳞片之间有较大的空隙，空气停留在里边也不流动。

黄蜂们的很多行为常常与物理学和几何学的原理相一致。它们可以利用空气来阻隔与外界的接触，保持巢里的温度。它们在建造巢的外墙时，只需要面积很小的外围，就能够造出很多很多的房间，节省了很多空间。曾经有人说它们的技艺是在日积月累中不断改进才趋于完善的，我却不能认同。

它们并不见得有多么的聪明，因为这些智慧的建筑师们常常在一些微乎其微的麻烦面前，表现出前所未有的愚蠢。它们只是机械地进行着日常的工作，并不会运用大脑进行思考，更不会不断提升自己在建筑方面的技艺。

非常偶然的一次机会，黄蜂碰巧将自己的房子安在我家花园的里面，就在一条小路的旁边，家里的人都不敢随便在那附近活动，因为这些黄蜂是相当危险的。我呢，就利用这个机会用玻璃罩子来做实验了。

晚上的时候，等那些黄蜂都回家了，我整平泥土，在上面放一个玻璃罩罩住黄蜂的洞口。第二天黄蜂们习惯性地飞出来，开始准备觅食，可当它们发觉自己的飞行受到阻碍时，它们能不能再挖出一条通道来呢？

到了第二天早晨，强烈耀眼的阳光已经洒在玻璃罩上。这些勤劳的黄蜂们已经成群地从地下上来，急着要出去觅食了。可是，它们却一次又一次地撞在透明的玻璃墙壁上，还有一些因为疯狂乱舞得太厉害，都摔到了地上。接着又来了一批，重复着上一批的愚蠢行为，没有一只懂得用自己的脚去扒下面的土钻进去。终于有几只从外面回来，其中的一只考虑了很久开始在玻璃罩底下挖掘，旁边的几只马上过来帮忙，总算回到了自己的巢里。等它们都进去了，我就用泥土把刚刚那个通道给封起来了。

我想刚刚已经有一只黄蜂挖掘了，其他的黄蜂势必已经被传授了这样的技能，现在应该有很大机会逃脱了。可我还是错了。这些黄蜂根本什么也做不了，它们在底下焦虑地飞来飞去，一点办法也没有，由于高温和饥饿大批大批地死了。

玻璃罩里的这些黄蜂只知道进去，却不知道怎么出来。它们从地洞里出来的时候，只是机械地朝光亮处飞，只要有亮光就是正确的道路，这就是它们的思维，也不管自己到了玻璃罩的顶部再怎么飞也无法飞出去，一心只想着要往更高的天空飞去。而那些从外面回来的黄蜂看到自己的洞口被阻塞了，总是会做一些工作的，譬如清扫和挖掘，最后找到洞口，这种对家的渴望是与生俱来的，并不说明它具有某种特殊的智慧。碰到潮湿的天气，黄蜂的洞口被泥水堵住是常有的事，它们从出生就懂得了挖土的技巧，一切都来自惯性，并不需要用头脑进行思考。

圆形的蜂巢和六边形的蜂房使黄蜂备受世人的赞誉，它们熟练地掌握了几何学的知识，知道用空气来进行隔热的技巧，这些精致的蜂房就算是我们的物理学家也不一定能造出来。我不相信这是由这些愚蠢的头脑想出来的，一定有其他更深层的原因。

如果把黄蜂的蜂巢打开的话，我们就能看到里面水平排列着的巢盘和巢脾，它们彼此之间相互连接在一起，数量不固定，有时能达到十多层甚至更多。幼蜂就生活在这里，它们需要接受喂养。

工蜂进进出出忙碌地喂养着幼蜂，蜂巢的外壳和巢脾之间是用立柱连着的，这些立柱之间有一个个的小门，用来行走，外壳的侧面开着一扇并不太气派的大门，甚至有一点不起眼。蜂房分上层和下层，上层较下层要小很多，是供小个子的无性工蜂居住的，下层是用来哺育雄蜂和雌蜂的。工蜂是最忙碌和无私的。起初需要它们来建造这个供大家居住的蜂巢，后来又要辛劳地照顾那些幼蜂，扩大房子的规模，腾给雄蜂和雌蜂住。

黄蜂和人类一样会翻新自己的房子。那些蜂巢用的时间比较久了就会被腐蚀，幼蜂也长大了，这时候它们就会铲平一些用不着的小房间，把它们重新转化为纸浆来建造更大的房间安置幼蜂，它们绝对不会浪费一点儿材料，全部都会转化来用在蜂巢上，如果材料用完了，它们也会不辞辛劳地去远处寻找材料。

一个完整的蜂巢有成千上万个蜂房，在所有黄蜂中，雌雄黄蜂的数量占总数的三分之一，其他全是工蜂。

统计数据显示一个蜂巢里黄蜂有三万只之多。那么，当寒冷的冬季来临的时候会发生什么呢？在我家旁边的菜园里就有一个黄蜂的窝，我可以随时去观察它。在一个霜冻的清晨，我用铁锹在蜂巢的周围挖了一条坑道，把它围了起来，就这样整个蜂窝都呈现在了我的眼前。洞底下有很多死掉的黄蜂，还有很多奄奄一息，马上就要死亡，它们或者是自己觉得快要不行了，就离开了蜂巢，也或者就是被那些健康的黄蜂丢弃的。在这些躺在外面的黄蜂当中，数量最多的是工蜂，其次是雄蜂。我把活着的黄蜂的蜂巢带回了家，好好地观察了一番。

我把蜂巢一层层拆开，重新叠放起来，留下一百只左右比较健壮的黄蜂。在严冬来临之际，大部分黄蜂都是被冻死和饿死的，冬天是黄蜂食物最为匮乏的时候，它们喜爱的甜水果几乎没有。

我把它们安置在金属罩子下面，给它们喂蜂蜜和葡萄。它们生活得还不赖。一个礼拜过去了，死亡最终还是没有放过这些黄蜂们。工蜂们常常猝死，前一秒钟还沉浸在阳光里，下一秒钟就掉下来死掉了。它们的生命走到了尽头，年龄就是毒药，谁都无法逃脱时间的威逼。而那些才出生的黄蜂就不用担心这个问题，不用惧怕衰老，它们正要迎接崭新的生命。雄蜂也一样，它们错过了交配期就会死去。那些即将死去的雌蜂人们可以一眼就辨认出来，它们病恹恹的，也不梳洗，身上沾满了泥土，一动不动地待着，或者无精打采地走来走去，静静地等待着死亡的逼近。

日子慢慢过去，我的那些黄蜂渐渐地都死去了。我可以解释雄蜂死去的原因，它们的交配任务完成就不再有用了，但无法理解为什么工蜂死去那么多，因为到来年春天的时候正需要它们来修建蜂巢。而对于雌蜂的死我更是完全没有头绪。这都是自然法则所决定的，它决定了大多数的黄蜂必须要死去，这是一种无法改变的命运。对于产生的这些问题，我至今都没有得到答案。实际上只要有一只雌蜂就可以孕育成千上万只黄蜂，那为什么还要有那么多雌蜂出现呢，为什么要牺牲那么多呢？这些问题就让以后的人来解答吧。

黄蜂（续）

　　现在我要讲的是一件非常恐怖和残酷的事情，它发生在严冬来临的时候。我们知道工蜂在蜂巢里扮演的角色一直是一个辛勤的建造工，一个温柔的保姆，但是当它们走到生命的尽头，筋疲力尽的时候，就成了一个"杀蜂不眨眼"的暴徒。因为自己即将死去，没人再来照顾那些幼蜂了，它们就决定让幼蜂和自己一起死亡。于是它们拎住幼蜂脖子后面的皮，将其从房间里拖出来扔到下面的垃圾场和"万蜂坑"，或者自己撕咬着蜂卵，把它们嚼碎。希望我能够亲眼目睹这样的场面，就让我试试吧。

　　十月份的时候，我把那些幸存下来的黄蜂养在我的金属罩子里，为了方便观察，我把巢脾分离开来，把蜂房的口朝上放置，它们也并没有受到影响，开始干起活来。为了让它们适应这里的生活，我就用金属罩里的小罐子当做是地洞，在上面还盖了一块纸板，就当做是地洞的顶了。很快工蜂就投入了工作，它们在巢脾的外圈造起来了，它们并不是在重新建造自己的家，而是继续着先前的工程。它们喜欢用旧蜂巢来造窝，不喜欢浪费材料，只需要把原先的材料捣成纸浆，把空房间推倒铲平，就能重新造出一个新的外壳，它们懂得如何翻新自己的房子。

盖房子虽然值得一看，不过看它们喂养幼蜂却更有趣呢！工蜂是一个多么温柔体贴的保姆啊，看它们其中的一位保姆，在自己的囊里盛满了蜜汁，来到一间婴儿房门前，向前探一探身子，那只幼蜂睁开蒙眬的睡眼，依靠自己的触觉四处寻找着给它带来蜜汁，当它们的嘴对上，工蜂就把自己的蜜汁流进幼蜂的嘴里，喝蜜的时候，幼蜂的下巴处会鼓起一个小肿块。等把它喂饱了工蜂就离开继续去喂别的幼蜂。吃饱的幼蜂则又开始回去睡觉了。

我们的保姆似乎对自己的工作感到很满意，在罩子里的那些黄蜂主要是吃蜂蜜，但我知道其实它们也吃别的昆虫，比如说尾蛆蝇和家蜂，而且它们只吃这些虫子肉多的胸部，它们会立刻把获得的肉剁成肉酱，再搓成肉丸带回蜂巢给幼蜂喂食。我试着在罩子里放入一些尾蛆蝇，黄蜂并没有杀死它们，只是威胁它们离得远一点，或者对它们拳打脚踢教训一阵再把它们赶走。看来肉食只是它们的第二选择，只有在甜的水果越来越少，食物紧缺的时候，它们才会不得不选择肉食。

接下来，我在罩子里放进几只马蜂，只要它敢靠近正在吸食蜂蜜的黄蜂，立刻就会遭到驱赶，这些蜂类动物一般不会对彼此使用螯针。马蜂一般都比较弱小，它不敢轻举妄动，只能离开。不过这个家伙很顽固，它会在黄蜂吃完以后再回来继续吃它们剩下的食物。不过假如有谁在它的蜂巢外面游荡，它就绝对不会客气，除了里面的黄蜂，其他蜂类任谁都不行。

我还想再试一试，就抓了一只雄的熊蜂放进去，每次只要它靠近黄蜂，势必要受到一顿教训。可是当它不小心落到黄蜂的巢脾上时，悲剧就发生了，一只愤怒的工蜂抓住了熊蜂的脖颈，在它的胸口上狠狠地刺了一下，熊蜂掉在地上抽动了几下就死去了。

陌生人只要和黄蜂保持一定的距离就不会有什么危险，假如靠近黄蜂也不会太严重，顶多被威胁警告一下，靠近它的食物会被它痛揍一顿，依然不会有生命危险，但是，如果靠近或进入了蜂巢那就不一样了，那会付出血的代价。

幼蜂们在我的罩子里生活得很快乐，有源源不断的蜜汁供给着，但还是不乏有一些生病和瘦弱的，一旦被工蜂发现，它们就会毫不留情地把这些病幼蜂从房间里拽出来扔掉。如果我把一些健康的幼蜂和虫蛹放在巢脾上，那么它们也会被工蜂无情地丢弃或者吃掉，离开了蜂房，它们就是累赘，毫无价值。

当十一月的第一场寒流袭来的时候。工蜂对工作日益懈怠了，喂食也没有那么勤快了，饥荒侵蚀着宝宝们。果然工蜂开始撕扯那些病弱的幼蜂，把它们拖出来，严寒再一次逼近，眼看着它们自己也快不行了，蜂巢下面都快成尸体集中场了，每天都有大批大批的黄蜂死去。

接着双翅目昆虫的蠕虫开始出现，这里是它们的食堂。还有其他的一些小蠕虫也在尸体里拱来拱去，所有的蠕虫都吃得很欢，这里的食物是多么丰盛啊！

黑腹狼蛛

  蜘蛛有一个很坏的名声，很多人都觉得它是一种很可怕的动物，一看到它就想把它一脚踩死。不过作为一个仔细的观察家我不这么认为，它是非常勤劳的，是一个天才的纺织家，手艺高超。即使不从科学的角度看，蜘蛛也是种值得研究的动物。不过据说它有毒，这便是它最大的罪名，也是大家都惧怕它的最大原因。不错，它的确有两颗可怕的獠牙，可以立刻致它的猎物于死地。假如单单从这点看的话，我们的确可以认为它是极其可怕的动物，可是杀死一只小虫子和杀死一个人是不同的。不管蜘蛛能以怎样快的速度结束一只小虫子的性命，它对于人类来说不会造成性命攸关的事，还没有一只蚊子蜇得疼呢。在我们这边大部分地区的蜘蛛都是无辜的。

　　不过，有一些蜘蛛的确是有毒的。譬如令科西嘉地区的红带蜘蛛，它们能够凶狠地猎杀比自己大很多的其他的昆虫，如果人被它咬伤也会致命。还有离阿维匿翁不远的皮若一带的球腹蛛，一旦被它咬伤，后果将会非常严重。据意大利人说，被狼蛛刺到会使人全身痉挛，疯狂地跳舞。要治疗这种病，除了一种奇特的音乐之外，再也没有别的灵丹妙药了。并且只有固定的几首曲子治疗这种病特别灵验。这种传说闻所未闻，但仔细想一想也有一定的道理。狼蛛的刺或许能使神经出现紊乱，而使被刺的人失去常态，只有音乐能使他们镇定，而剧烈的舞蹈能使被刺中的人大量出汗，因而把毒素排出体外。

　　在我们这一带，有最强壮的黑腹狼蛛，我马上要谈的不是医学方面的问题，我更关心的是蜘蛛在捕猎过程中扮演着怎样的角色，它们的习性与它们如何捕获猎物再将其杀死。

　　黑腹狼蛛的身材不大，腹部长着黑色的丝绒毛和褐色的条纹，腿部有一圈圈灰色和白色的圆圈斑纹。它最喜欢住在开满百里香的干燥多石的沙地上。我的实验室附近正好有那么一块荒地，有二十多个黑腹狼蛛的地洞，我每次经过洞边，向里面张望的时候，总能看到四只大眼睛像钻石一般闪耀，而在地底下的四只小眼睛就不容易看到了。

　　如果还想看到更多的狼蛛，我只要往家门外不远处的一处高地走就可以了，那儿曾经是一片茂密的森林，由于人们大量的砍伐改成葡萄园遭遇毁灭，不过现在那儿正好成为了狼蛛们的乐园。

狼蛛的居所大约有一尺深，一寸宽，是它们用自己的毒牙挖成的，刚挖的时候是垂直的，后来才渐渐地转弯。洞的边缘有一堵矮墙，是用稻草、细枝和一些小石头筑成的，它们会把自己附近的一些枯叶收拢起来，吐出细丝把它们固定住，不过跟木头相比，它们还是更喜欢用石子作材料，这取决于它们附近有什么材料。有时候这种围墙有一寸高，有时候却仅仅是地面上隆起的一道边，不论哪一种都是用蛛丝紧紧地固定住的。这个居所就好像是一口小小的井，底下的直径和洞口一样大，上面再搭一个围栏就大功告成了。如果是泥地的话，形状便不用受到限制，就是一个圆柱形，如果是周围坚硬的石头比较多的话，就要根据实际做一些改变，洞穴就会挖得弯弯曲曲的。不管是哪一种情况，都会被涂上一层厚厚的蛛丝起固定作用，防止发生坍塌。

按照巴格力维的方法，我打算捉一只狼蛛。我在洞口摆动一根小麦穗，并模仿蜜蜂的嗡嗡声。我想狼蛛听到这声音会以为是猎物自投罗网，马上跳出洞来。可是我的计划失败了。那狼蛛倒的确是往上爬了一些，想试探这到底是什么东西发出的声音，但它立刻嗅出这不是猎物的气味，而是一个陷阱，识破了我的计划后，就一动不动地停在半途，坚决不肯出来，只是充满戒心地望着洞外。

　　我现在要传授一个有效的捕捉狼蛛的方法给那些未来的狼蛛猎手们。首先你要准备一根结满饱满颗粒的麦穗，尽可能深地插进狼蛛的窝里，还要不时地晃动，狼蛛以为这是对它的威胁就会一口把它咬住，然后你就开始慢慢地非常小心地往外拉，快要接近洞口的时候必须躲起来不让它看见，如果它发现自己正在被引出去，就会立刻逃回去，这时你要做的就是非常快速地猛地往外拉，让它来不及反应过来，就已经被抓住了。

　　还有一个办法可以捉到这只狡猾的狼蛛，就是用活的熊蜂作诱饵。我找了一只瓶子，瓶口恰好和洞口一样大。我把一只熊蜂装在瓶子里，然后把瓶口罩在洞口上。这强大的蜜蜂起先只是嗡嗡直叫，歇斯底里地撞击着这玻璃囚室，拼命想冲出这可恶的地方。当它发现有一个洞口和自己的洞口很像的时候，便毫不犹豫地飞进去了。它实在是愚蠢得很，走了那么一条自取灭亡的路。当它飞下去的时候，狼蛛也正在匆匆忙忙往上赶，于是它们在洞的拐弯处相遇了。不久我就听到了里面传来一阵死亡时的惨叫，可怜的雄蜂啊！这以后便是一段很长时间的沉默。我把瓶子移开，用一把钳子到洞里去探索。我把那熊蜂拖出来，这时它已经死了。这狼蛛突然被夺走了从天而降的猎物，愣了半天，又实在舍不得放弃这美味的猎物，急匆匆地跟上来，于是我趁机赶紧用石子把洞口塞住，没几下功夫，我就抓住了一只贪婪的狼蛛。

我用熊蜂的办法去引诱它，不仅仅是为了捉住它，而且还想看看它是怎样猎食的。狼蛛是一个猎手，每天都要吃新鲜食物，而不是像甲虫那样会为今后打算储藏食物，或者像其他动物那样运用奇特的麻醉术不立刻夺去对方的性命，而是将猎物保持新鲜到两星期之后。它是一个残暴的屠夫，一捉到食物就将其活活杀死，当场吃掉，并确保在出击时将猎物一击毙命，以免受到它们的攻击。

　　狼蛛得到它的猎物其实也并不是每一次都那么容易，也须冒很大的风险，它的猎物有可能会很强壮。那有着强有力的大颚的蚱蜢和带着毒刺的蜂类随时都可能飞进它的洞里。说到武器，这两方看上去势均力敌。究竟谁会更胜一筹呢？双方将展开一场殊死搏斗，狼蛛无法像圆网蜘蛛那样放出丝来捆住敌人，等对方被困住以后再给它一针，这样不会有任何危险。狼蛛除了它的毒牙以外再没有别的武器了，所以它必须扑向猎物，巧妙地将其制服，快速地击倒对方，立刻把它杀死。它必须把毒牙刺入敌人最致命的地方。就像之前我们看到的，熊蜂被拖出来时已经死了，那是多么快的速度啊！每次我从那个可怕的洞里拖出一只牺牲品时，总要对这瞬间的死亡感到惊讶不已。

　　在这里有一个疑问，每次我选择的熊蜂都是那种个头很大的，它和狼蛛实际上水平势均力敌，但为什么每次都是狼蛛取得胜利，而且是以一种惊人的速度立刻将对方杀死的呢？响尾蛇杀死猎物的时候都要好几个小时，与其说是狼蛛的毒液在起作用还不如说它咬的部位是最致命的。

那这个部位是在哪儿呢？狼蛛造成的伤口实在太小了，用放大镜也没办法找出伤口，所以必须亲眼看到两个虫子的战斗过程才行。

我试图将狼蛛和熊蜂关在一起，想看看它们之间将会发生怎样的厮杀，不过都失败了，狼蛛离开了窝就胆小如鼠，只有在自己的城堡它才能斗志昂扬。如果让昆虫进入它的窝我们又会看不到决斗的过程，所以必须要找一种不喜欢钻地的昆虫——紫木蜂。这种蜂周身长着黑色的绒毛，翅膀上嵌着紫线，个头比熊蜂大，差不多有一寸多长。它的蜇刺很厉害，被它刺了以后很痛，而且会肿起一块，很久以后才消失。我之所以知道这些，是因为曾经身受其害，付出了惨痛的代价。它的确是狼蛛的劲敌。

我捉了几只紫木蜂，一个一个把它们分别装在瓶子里，瓶口的大小正好和狼蛛洞口大小一样，又挑了一只又大又凶猛并且饿得最厉害的紫木蜂。我先用小麦穗将狼蛛从洞口引出来，再把装着紫木蜂的瓶口罩在那只穷凶极恶的狼蛛的洞口上，紫木蜂在玻璃瓶里发出激烈的嗡嗡声，好像预感到了危险。狼蛛被惊动了从洞里爬了出来，探出半个身子在洞外，可没有出来，它不敢贸然行动，只是静静地看着、等待着。我也耐心地等候着。一刻钟过去了，半个小时过去了，什么事都没有发生，狼蛛居然又若无其事地回到洞里去了。大概它觉得情况有些不大对头，贸然出击太危险了。我依次又试探了其他几个狼蛛洞，每一只狼蛛都对这丰盛的美食无动于衷，没有一个猎手愿意走出它的洞穴。

最后，在酷热的一天，我慎重地选择在一个隐秘的地方，终于成功了。有一只狼蛛猛地从洞里冲出来，无疑，它一定饿疯了，实在熬不住了。就在一眨眼间，恶斗结束了，强壮的紫木蜂已经死了。致命的部位我看得非常清楚，因为狼蛛的毒牙正咬着那个地方不松口呢，那是在紫木蜂的头部后面的颈背的位置处。猎手果然像我之前猜测的那样，具有超凡的捕杀技巧，它能不偏不倚正好咬在唯一能至对手于死地的位置——脑神经节。我的长久等待总算是有了回报。

我不知道我所看到的又只是偶然情况还是通常的状况。所以我又做了好几次试验，发现狼蛛总是能在非常短的时间内干净利落地把敌人杀死，并且作战手段每每都很相似。现在我已经十分清楚了，狼蛛就是个不折不扣的"刺颈师"。

接下来我要做的就是测试狼蛛的毒性。实验的第一组是让狼蛛去刺紫木蜂。虽然狼蛛对跟它关在一起的敌人不会出手，但是如果把猎物送到它嘴边的话它就会毫不犹豫地亮出自己的毒牙。于是我用镊子夹着一只紫木蜂送到它嘴边让它咬，想看看毒刺刺在不同位置，会有什么不同的反应。如果刺的部位是颈部的话，紫木蜂就会立刻死亡。如果紫木蜂被刺中的是腹部，再把它放进广口瓶里，它还能活动上一会儿，刚开始没什么不妥，才过了半个小时，它就躺倒下来，不能动了，虚弱地蹬着腿儿，肚子还一抽一抽的，表明它至少还活着，到第二天，紫木蜂就再也活不过来了，它成了一具尸体。

实验的第二组对象是直翅目昆虫，如螽斯和绿蝈蝈儿等等。它们如果被咬中颈部的话也是立刻就死去了。但是如果是其他部位的话，还能坚持一段时间，只是不同的昆虫时间不一样罢了。体质纤弱的膜翅目昆虫不到半小时就死了，而反刍类直翅昆虫比较强壮，能坚持一整天的时间。我也明白了为什么在前几次试验中，狼蛛只是畏缩地看着洞口的猎物，却迟迟不敢出击。像紫木蜂这样强大的对手，它不能贸贸然动手，万一它没有一下击中对方要害的话，那它自己就会身临险境。因为如果紫木蜂没有被击中要害的话，至少还可再活上几个小时，在这几个小时里，它有充分的时间来回击敌人。我曾经亲眼见到有一只狼蛛被紫木蜂的螯针刺中，在二十四小时内就一命呜呼了。狼蛛明白这一点，所以它等待机会，一直等到紫木蜂的头部极易被击中的时候，再看准时机出手。

我又让一只狼蛛去咬一只羽毛未丰将要离巢的小麻雀。麻雀受伤了，一股血流了出来，伤口四周出现红晕，一会儿又变成了紫色，而且受伤的这条腿已经不能用了，耷拉着，爪子卷起来，只能用单腿跳着前进。除此之外它好像也没什么痛苦，胃口也很好。我的女儿同情地把苍蝇、面包和杏仁肉喂给它吃，因为这可怜的小麻雀做了我的实验品。但我相信它不久以后一定会痊愈，很快就能恢复健康，这也是我们大家共同的愿望。十二个小时后，我们对它的伤情感到很乐观，它仍然胃口很好，喂得迟了它还要发脾气。可是两天以后，它不再吃东西了，羽毛零乱，身体蜷成了一个球，时而一动不动，时而一阵痉挛。我的女儿把它捧在手心，呵着气使它温暖。可是它痉挛得越来越厉害，次数也越来越频繁，最后，它终于还是没有逃过死神的召唤。

那天的晚餐席上气氛不太好，大家对我都很冷淡。我从一家人的目光中看出他们对我的这种实验的抗议和谴责。我知道他们一定认为我太残酷了。大家都为这只不幸的小麻雀的死而悲伤。我自己也感到很懊恼，我所要知道的只是很小的一个问题，却付出了那么大的代价。再想想那些为了研究把狗开膛破肚，却毫无感觉的人，真的太麻木太可怕了。

尽管如此，我还是鼓起勇气再试验一只鼹鼠，它是在偷田里的莴苣时被我们捉住的，为了确保实验的有效性，不至于将因为饥饿而导致的鼹鼠死亡怪罪到狼蛛身上去，我把它关在笼子里，用各种金龟子、蚱蜢还有蝉喂它，它大口大口地吃得很香，过了二十四个小时以后我确信这只鼹鼠能够接受这个任务了。

我让一只狼蛛去咬它的嘴角。被咬过之后，它不住地用它的宽爪子挠抓着嘴巴。因为它的嘴巴开始慢慢地灼热发痒。从这时开始，这只大鼹鼠食欲渐渐不振，什么也不想吃了，行动迟钝，我能看出它浑身难受。到第二个晚上，它已经拒绝吃东西了。大约在被咬后的第三十六小时，它终于死了。笼里还剩着许多蝉和金龟子没有被吃掉，说明它不是被饿死的，而是被毒死的。

看来狼蛛的毒牙不仅能结束昆虫的生命，对其他小动物来说，也是极其危险的。它可以杀死麻雀，也可以使鼹鼠丧命。虽然后来我再没有做过类似的试验，但我认为狼蛛的毒牙对于人类来说也不是一件小事，人们必须要小心防备，不能被它咬伤。

在蜘蛛界并不是只有狼蛛才具有这样的高超技艺，还有很多其他的蜘蛛也是如此。尤其是那些不用蜘蛛网捕猎的蜘蛛，它们有的喜欢马上吃掉捕到的食物，有的喜欢为后代保存新鲜的食物，后者会将猎物麻醉，不会立刻让猎物死去，它们是经验丰富的麻醉师。这些麻醉师对于脑神经节的重要性了解得一清二楚，能根据自己的需要来决定采取什么措施对待猎物。

不管是杀手也好麻醉师也好，假如这并不是它们与生俱来的能力，而是经过后天获得的，那么这种才能是怎么获得的呢？我怎么也得不到答案。

彩带圆网蛛

冬天来临了，在这个季节里，许多虫子都停止忙碌，为严寒做好了准备。对于观察者来说，这并不说明已经没有什么虫子可观察了。这时候如果在阳光照耀的沙地里寻找，或是搬开地下的石头，或是在树林里搜索，总能找到一种非常有意思的东西，那是一件真正朴实的艺术品。那些有幸能欣赏到这件艺术品的人真是幸福啊！虽然生活总是以一种为难人的面貌出现，并且随着时光的流逝愈发地使人烦恼，但是如果他们在树林间穿梭，肯定能像我一样感到幸福，在找到一件蜘蛛的杰作——彩带圆网蛛的巢穴后。

根据生物学上的分类，实际上蜘蛛并不能算是一种昆虫。无论从举止还是从颜色上来看，彩带圆网蜘蛛都是我所知道的蜘蛛中最完美、最美丽的一种。在它那胖胖的像榛子仁一般大小的身体上，有着黄、黑、银三色相间的条纹，所以人们叫它"彩带圆网蛛"。它的八只脚环绕在圆圆的身体周围，腿上还有深浅不一的彩环。

几乎没什么小虫子是它不爱吃的，不管那是蝈蝈儿蹦跶的地方还是蚊蝇盘旋的地方，或者是蜻蜓跳舞的地方，只要它能找到结网的地方，它就会立刻织起网来。它常常把网横跨在小溪的两岸，因为那儿的猎物比较丰富。有时候它也在长满小草的斜坡上或茂密的树林里织网，那里是蝗虫和蚱蜢的乐园。

它捕获猎物的武器便是那张大网，网的大小要由周围的环境决定，那些丝攀附着四周的树枝。网的结构是从中间往外放射出弧形的笔直的线，螺旋地前进，一圈一圈地交错在放射线上，图案的编织规则令人惊叹。

当彩带圆网蛛在自己织好的网上来回穿行时，它的内心感到十分满足。蜘蛛对自己的网进行加工和加固工作是非常有必要的，因为它自己可不能决定什么动物会踏入这个编织的陷阱。它待在网的中间，仔细感受着来自网的四面八方的颤动，安安静静地等待着自己的猎物自己送上门来。

蝗虫是陷阱里的常客，它总是蹬着长长的腿散漫地乱蹦乱跳，因此很容易就被困住了。它用自己强而有力的大腿使劲蹬着，企图摆脱丝线的束缚，自以为能破网而逃呢，结果总是以失败告终。

在面对落网的猎物时，彩条圆网蛛背对着它，启动吐丝器，长长的后腿充分张开形成一个抬高的弧形，接住吐出的丝线，好让蛛丝能够顺利地射出去。通过这一系列的动作，蜘蛛就得到了一面像扇子一样宽的网，它把这面网撒出去裹住猎物并拖着猎物来回地滚动直到把它包得严严实实的才罢休。当然也不是所有的昆虫都这么快就束手就擒，有时候蜘蛛必须要和它进行搏斗，反复地冲上去，用新吐出的丝线缠住它的手脚，最后用毒牙给它最后一击。毒素很快就会起作用，当被包住的猎物不再有动静时，它就来到旁边不停地吮吸，直到把它完全吸干为止，再把吃剩的遗骸丢弃，重新来到网里等待着下次的捕猎。当然，蜘蛛吮吸的可不是一具死掉的尸体，而是被毒素麻痹的活体，假如被麻痹的昆虫马上被救下来，很快它就能活过来。彩条圆网蛛喜欢吃活生生的猎物，活着的动物体液是流动的，能更加容易被吸出来。所以面对猎物，即便是体形比它大很多的猎物，它都自信满满，不会过多释放毒液。猎物只要一被它咬住、麻痹，很快就会被它吸干。

　　我曾经目睹过精彩异常的场面。我在圆网蜘蛛的网上放上一只螳螂，要知道螳螂也是一个捕猎高手，还记得吗？它的身材孔武有力，完全有可能倒转乾坤反把捕猎者当做自己的猎物。但是这是蜘蛛的地盘，只见它坐在网中央，静静等待着一场恶战的到来。终于，它有所动作了。螳螂则卷起自己的肚子，展开布满锋利锯齿的双翅，擂响了战鼓。蜘蛛并没有被这阵势吓到，照旧吐出大量的蛛丝，不断向外抛出，在这样的攻势下，螳螂很快就没了刚开始张牙舞爪的模样，被严实地困住了。有几次螳螂跳动得太猛烈了，把蜘蛛震得掉下网去了，但是一条挂下来的丝线吊着它，又回来了。战斗很快就结束了，这时的蜘蛛也几乎用尽了所有蛛液。螳螂呢，它早就消失在裹紧的一团白色里面了。

这一次，蜘蛛没有立刻享用这顿大餐，它耗费了太多的精力，必须要先去休息一下才行。歇息了一会儿以后它开始在猎物身上这儿咬上一口，那儿咬上一口，从这些伤口里吸取血液。每吸完一处就换另一处继续吸，吃这一顿大餐花费了它十几个小时的时间。

蜘蛛在产卵方面的才华，比猎取食物时所显示的才能更令人惊叹。它的卵袋是一个丝织的袋子，它的卵就产在这个袋子里面。看起来像一个倒过来的小气球，大小和鸽蛋差不多，底部宽大，顶部窄小，开口处是齐平的，围着一圈月牙状的边。整体来看，这就是一个用几根丝线支持着的卵形的物体。丝袋的顶端是凹陷的，上面有一个盖子把丝袋盖住，其他部分都包在一层厚实的白缎子里面，深色的蛛丝形成好看的花纹点缀在丝袋外面，这个袋子可以防潮，不论是雨水还是露水都无法把它浸湿。

圆网蛛的丝袋因为离地面很近，所以可能随时都要受到各种恶劣的气候的挑战，所以它必须要保护自己的卵袋免受煎熬，抵挡寒流。让我来剪开这个袋子看看里面是怎么样的。袋子的底部铺着一层蓬松的棕红色蛛丝，柔软极了，像是羽绒被子，也像天上漂浮的云朵，这个装置能够很好保护卵袋里面的卵，帮助它们抵御寒流的侵袭。

　　要想观察蜘蛛结网是件很不容易的事儿，因为它们经常在夜间工作。为了便于观察，我把它们养在我的罩子里，到了八月中旬的时候，它在上面的位置首先织起了几条紧绷的线来作为支架，这个编织的工作就是要从这里开始的，蜘蛛自己其实并不能看到工作的情况，因为它是背对着丝网的，一切都井然有序地进行着。

　　蜘蛛必须要控制好绕圈的位置，时刻变化着放出丝线，用自己的后腿勾住粘在支架上，就这样慢慢地往上织，为了确保袋子的严密，在收口的地方，它还会勾起边上的丝线把它们连接在一起。

　　接着蜘蛛开始产卵，它会一次性产出所有的卵，把袋子撑满，而且是恰到好处。在产完所有的卵以后，蜘蛛还要继续工作，它得把这个袋子封起来。只不过这一次的手段和先前略有不同，它勾出许多复杂的丝线，给这个袋子织出了一个布状的盖子。

　　不久以后就会有无数的小蜘蛛在这个卵袋里面慢慢地生长，越长越结实。编织工作还在继续着，这时吐丝的材料突然之间发生了变化，先前吐出的丝线变成了红棕色，也比以前纤细了很多，呈云雾状喷出，蜘蛛又不停地使它变得蓬松，直到整个卵袋完全淹没在这一堆蓬松当中。接下来，又发生了改变，丝线再一次变成了白色，这时候是蜘蛛要准备开始编外壳了，这项工作工程量浩大，所以花去了它很长的时间。它有节奏地不断旋转着，一边用有力的后腿交替着拉伸蛛丝，用自己的前腿将丝线抓住再黏合到编织物上去，一边摇摆着自己的肚子。蛛丝有规律地排列分布着，显示出美丽的几何图案，一点也不比工厂里最精密的车床造出的产品差。编织工作很快就要完成了，它又开始用第三种丝线来做一些收尾工作，这种丝线的颜色很深，在黑色和红褐色之间，吐丝器左右晃动着，吐出丝线，用来编带子。等一切大功告成，蜘蛛便背对着这个卵袋，安静地离开了，不再关心接下来的事。等待着它的还有阳光和时间。

当圆网蛛的丝已经吐尽，也没有什么好胃口了以后，它的生命也就快要结束了，这时候它就会放弃自己的网，织一个小小的帐篷等待着死神的降临。圆网蛛非常善于编织狩猎用的大网，但在筑巢方面远远不如彩带圆网蛛。它的巢形状朴素无华，袋子的口被一块毡布似的盖子盖住，白色的丝袋表面点缀着很多杂乱无章的深色条纹。不过这两种蜘蛛网内部的构造是相同的，也用同样的方式来给蜘蛛卵御寒。

我们知道圆网蛛对编织有着极高的天赋，能做出举世无双的佳作，运用各式各样的丝线，作出的东西也各有不同，多么神奇的技艺啊！它凭借的工具和设备都是那么的简单，只是用自己的吐丝器和后腿辛勤地编织。那它是怎样织出那么多美妙绝伦的编织物的呢？用的是什么样的方法呢？

居住在野外的时候，圆网蛛各自住在各自的家里，互不干扰。每一只蜘蛛都有属于自己的地盘，相安无事。但是为了方便我的观察，我把很多蜘蛛都养在罩子里，大大缩小了它们之间的距离。在平时它们之间并没有什么矛盾纷争，它们自个儿守着自己小小的一方天地，躲在一旁等待着猎物自投罗网。可是一旦产卵期到来，情况就变得有些复杂了，蜘蛛们织出的网总是缠绕或重叠在一起，只要一张网晃动起来，连带着其他网也开始晃，严重影响了对方，难免会发生一些莫名其妙的事。

一天晚上，有一只蜘蛛刚刚织好一个卵袋，第二天早上我去的时候发现这个卵袋简直完美无瑕，优雅地垂吊在网罩下面，卵袋里也垫着柔软的保护物，可是最最重要的东西却不见，那些蛛卵不见了踪影。正在我感到疑惑不解的时候，看到那些卵都露在沙地上。我想也许是蜘蛛妈妈在产卵时被打扰了，所以没法集中精力对准卵袋产卵，使它们都掉在了地上，不管怎么样它都应该有所察觉吧。可是根本不是这样的，它的脑子太迷糊了，完全不知道卵袋里面没有它的宝宝，继续像往常一样从事着后续的工作，接着细心编织起它的外壳来。真是太荒唐了!

　　还有一只蜘蛛在编织完自己的卵袋，产完卵以后，正要准备织一些柔软的绒布保护物好好地保护这些卵，可是它在做什么啊，居然把这些绒布棉絮全裹到铁丝网上去了，之后也不去继续织卵袋的外壳就离开了，而让真正需要保护的脆弱的卵就这么待着。太不可思议了，我们简直可以说这是多么愚蠢的行为啊。

蟹　蛛

　　蟹蛛名字的由来，很大一部分是因为它像螃蟹一样横着走路，它的前脚比后脚更加强劲有力。蟹蛛一点也不会结网，它是一个徒手捕猎者。它就这样埋伏在花丛里等待着猎物的出现，猎物一现身，就立刻扑上去，咬住它的后颈，将它擒住。而且它特别喜欢捕猎家蜂。

　　蜜蜂只是非常平和地做着自己惯常的工作，采蜜，在自己的囊里装满蜜汁，可这时我们的猎手从隐蔽处走出来，迅速地咬住了蜜蜂的后脖子，尽管它努力抗争，用自己的螯针乱刺一番，但还是没有用，死亡之神不会松手的。更何况，蟹蛛在后颈处的一咬能够破坏脑神经，使它立刻死去。等它死去，蟹蛛就可以好好地吮吸一番血液，吸完之后它就立刻抛弃这副干尸，开始寻找下一个目标。

每次看到辛勤工作的劳动者被杀掉，我内心都充满了愤怒和忧伤。为什么它们要去喂养那些杀手，为什么被剥削者要养活那些贪婪的剥削者呢？为什么有那么多美好的生命总是沦为强取豪夺的牺牲品？我憎恶这些不和谐的因素，也感到无比的困惑，这些伪劣的生物有时竟然还会被当做是至善的，真令人费解和激愤。那些嗜血的，疼爱自己的孩子，却去咬噬别人家的孩子。不论是人还是动物，在饥饿的困境中都会沦为残忍的嗜血怪物。

　　蟹蛛这种令人不寒而栗的生物害怕寒冷，所以它从来不会离开橄榄树生长的区域，它最喜欢的是岩蔷薇。在岩蔷薇花丛中，有很多热情洋溢采蜜的蜜蜂，而这个贪婪的捕猎者早就知道它们会大批地来到这里，它只是静静地守候在玫瑰花瓣的下面，时刻准备着出击。

　　这位凶手实际上是非常美丽的。它圆圆的肚子像金字塔一样，皮肤是奶白色或柠檬色的，看上去比丝绸更加柔滑。有的蟹蛛腿上还有一圈一圈儿的粉色圆圈，脊背上有螺旋状的红色纹路。有的时候，它的前胸还有一条细细的淡绿色带子，虽然比不上彩带圆网蜘蛛那么光彩绚烂，可它在朴实无华中尚有一番属于自己的简单精致，它是难得一见的优雅美丽的蜘蛛。

　　但是这个美丽的生物会干什么呢？当然，它会造一个与之相配的漂亮巢穴。有些鸟类，比如云雀能利用植被的根和毛状的绒絮纤维在高高的树杈上造一个斗状的窝。蟹蛛也喜欢在高的地方做巢，通常是在自己捕猎的地方——岩蔷薇树枝的高处的一根枯枝上准备自己的巢，然后产卵。

蟹蛛的动作非常敏捷，能够随心所欲地在四面八方摇动自己的身体，上上下下地穿梭，织出一个白色不透明的卵袋。当蟹蛛在里面产完卵以后，就会用自己的丝将这个袋子封起来，还会在这个卵袋的上面做出一个可供自己居住的地方。它会在那里一直趴着，守护着自己的孩子们，直到小蜘蛛们生出来开始迁徙为止。产卵和编织使它变得虚弱不堪，现在它活下去的唯一动力就是它的小蜘蛛们。只要有谁靠近这个卵袋，蟹蛛就会马上冲出去把它赶跑。要想让它离开自己的窝那是不可能的，它绝对不会让自己的宝宝独自待着。如果有谁想要夺走狼蛛的孩子，它也会和蟹蛛一样英勇捍卫，但是狼蛛要比它愚蠢很多，它都搞不明白哪个卵球是自己的，哪个是别人的，有时还会把自己的跟别人交换呢。蟹蛛也不够聪明，它甚至搞不清楚自己卵袋的位置，只要把卵袋移动到一个和它自己的巢穴一模一样的地方，它看到地上有蛛丝，就死心眼地认为这就是它自己的，老老实实地守护着别人的巢穴。这两种蜘蛛这样做并不是出自母爱，而是出于习惯和本能。

产卵工作在五月底的时候结束了，蟹蛛妈妈这时候就一动不动地趴在巢穴顶上，日夜看护着自己的孩子。现在我想，如果我给它投食它会很高兴，它是那么的虚弱啊。可我错了，我往罩子里放进它最喜欢吃的蜜蜂，可它一点也不为所动，那些可口的蜜蜂在它的周围嗡嗡嗡地叫，要抓住它们简直易如反掌，可是它连一小步都不愿意离开自己的巢穴。它这样不吃不喝，到底是在等待着什么呢？我感到十分好奇。

原来这个即将死去的母亲硬撑着活着还是有用的。卵袋的材质非常厚实，很难扯破，外面还裹着一层树叶，上面的盖子也很紧，没办法打开。小蜘蛛凭借自己的力气根本无法从卵袋里面出来，蜘蛛妈妈必须在它们已经在袋子里骚动的时候，帮它们扯破这个卵袋，把它们放出来。

七月份一来到，小蜘蛛们就从卵袋里爬出来了。于是我在罩子的顶端放了一小束细树枝，它们很快就快活地在那里跳跃起来，用蛛丝在那里搭起一座座天桥。接着我把爬满了小蜘蛛的树枝从罩子里拿出来，插在靠近窗户边上的一张小桌子上。没过多久，小蜘蛛们开始迁徙了，三三两两的小蜘蛛同时从不同的方向出发，它们从四面八方全都爬上树枝的顶部，场面真是壮观啊，成千上万只小蜘蛛同时吐出蛛丝来，接着它们待在那儿静止不动了，好像在等待着什么。

啊，这是怎么了？一阵暖风从外面吹来，吹断了它们的蛛丝，于是小蜘蛛们开始启程了，跟随着风它们越升越高，越飘越远，最后消失得无影无踪了。起先数量还比较少，后来大批大批的小蜘蛛同时飞起来，就像被弹弓射出的小弹丸，然后像花束一样向上散去，它们在阳光中闪烁着光芒，真美啊。世界，它们来了。等它们饿了，它们就会降落，而这些小蜘蛛以后的命运，我们就不得而知了。

迷宫蛛

　　我们都知道圆网蛛是善于织网的能工巧匠，其他蜘蛛也有自己过人的创造力，或为了生存，或为了繁衍后代。

　　有一种叫银蛛的蜘蛛，它们能够在水里给自己编织一个小罩子，罩子里面可以储存空气，用来呼吸，这样在天气炎热的时候，它们就能够潜入水中捕猎。如果我有一些亲自实验观察得到的情况，我很愿意跟大家分享，但是我们这里没有银蛛，这真是很遗憾，那么就让我们观察一下普通的蜘蛛吧。这些蜘蛛虽然普通易见，但是它们身上也有宝贵的价值，只要我们耐心观察，就能发现非常有趣的事情。

　　我四处搜寻，在我家附近的，最常见的就是迷宫蛛。它们最喜欢在草丛里，在荆棘丛里，在薰衣草、岩蔷薇、迷迭香丛里，在朝阳的安静角落里，这是都是它们会选择安家落户的地方。

　　七月份的清晨，太阳还没有出来，我都会去那些地方观察迷宫蛛，孩子们也会和我一起去，他们的眼特别尖，总能有很大的收获。没过多久我就发现了悬在高处的蛛网，上面挂满了晶莹剔透的露珠，在阳光的照射下，熠熠生辉。孩子们太激动了，我也兴奋不已。它看上去太美了，大清早看到这个已经很值了。

　　等到太阳照射的时间久了，露珠就消失了，我们开始观察这个蛛网。这张网挂在岩蔷薇枝上，有小毛巾那么大，每一个角都牢牢地固定在枝干上，每一根丝线都派上了用场，都用作了蛛网的支点。网的四周一般来说比较平整，越往中间，就会越往下凹陷，看起来似乎可以像一个漏斗那样坠下去。

　　迷宫蛛披着灰颜色的外衣，肚子上有两个横条，上面还缀着棕色和白色的斑点。肚子的底端有两个会动的小小的器官，有点像尾巴，这可是一个神秘的器官。

　　这个中间有个小漏洞的蛛网编织的时候采用了很多道工艺，各个地方用的材料都不同，比如网的外沿比较稀疏，是纱网的，中间是细细的柔纱，接着更加柔滑一些，在漏斗尖的那个地方是菱形的网格状，越往中间越结实。

　　迷宫蛛会不停地编织它的捕猎器，每天晚上它都会去检查有没有新猎物落网，或者可以扩大自己的狩猎范围。漏斗尖儿那个地方是蜘蛛去的最多的地方，那里也最结实，往下走的斜坡也是它常待的地方，它也会经常巡视，来加固这一片区域,那些比较细薄的地方它就不怎么去了。你知道么？其实在那个漏斗尖的地方是有一个小口子的，要是有什么紧急情况，它能从那儿逃走。所以要想捉住它而不使它受伤，我们需要动点脑筋，因为它很容易就会从那个小口子溜得无影无踪。于是，我一把抓住蜘蛛把漏斗插进去的那束荆棘，这样就行了，只要它发现出口被堵死了就会乖乖钻进我的纸袋子里，束手就擒。

其实，迷宫蛛的网不能算是一个捕猎的杰出陷阱，很少会有动物不小心掉进这里，也不像圆网蛛的网那样具有很强的黏性，它的网有自己的特色，那是一个迷宫。那个网上面是纵横交错的繁密树林，有的长，有的短，有的直，有的弯，有的紧，有的松，有的歪歪斜斜，都复杂地缠绕在一起，除非具有超人的弹跳力，不然任谁都无法穿越这个迷宫。

迷宫蛛是利用缠绕的丝线捆住猎物来捕猎的。为了试验，我把一只小虫子扔到它的网上，虫子立刻就在上面拼命乱跳，试图挣脱，只是周围的丝线越绕越多，迷宫蛛只是不动声色地待在一旁,它只需要等待那家伙被缠住然后掉下来，之后它只要扑过去，轻轻拍打猎物，好像在确认这个看起来不错啊，最后将自己的牙，毫不犹豫地咬进去。下口的部位首先是大腿，大概是这里的肉质更加鲜美一些，我曾经观察过好多迷宫蛛的进食情况，很多被困住的昆虫尸体都缺了大腿，看来它们真的十分偏爱大腿肉。

只要它一咬住昆虫的大腿就绝对不会松口，它会持续不断地拼命吸取里面的营养和血液，这里吸干了以后再换一个地方继续吸，那些猎物到最后样子保持得非常好，只是里面都已经被吸干，只剩下一个空壳了。整个进食的过程都十分稳妥安全，迷宫蛛只要咬伤猎物一口，毒液就会立刻把猎物杀死，绝无后患。

迷宫蛛的网和圆网蛛比起来，肯定没有那么华美精致，那只是它用来捕猎而随便搭建的。但是它的卵袋却做得非常完美。

迷宫蛛搬家的时间根据产卵期而定，为了产卵，它会放弃自己的网，一点也不会舍不得，但是，它会在什么地方产卵呢？我找了很久都没有找到。

不过，我最终还是发现了那个地方，它一般隐藏在离网几步远的茂密低矮的树丛里。不过那些卵袋远没有我预先设想的那么美观，粗糙的丝线上还缠着许多枯树叶，整个卵窝看起来乱糟糟的，但这并不足以说明它们的建造能力。

有时候我们的建筑者们无法掌握建造时候的环境和材料，就会导致它们原先的建造计划被打乱，原本应该整洁美观的作品，往往会令人失望。我们必须要研究它们在不受外界干扰的条件下进行的工程才更有趣。如果是在正常的条件下，它们一定会做得更好。

产卵期到来的时候是八月中旬，我找来了六只迷宫蛛，放在铺着沙土的罐子里，上面罩着一个金属罩子，罩子的中间插着一根百里香的树枝，这个可以用来当作它们结卵袋时候的支点，我每天都会为它们准备一些蝗虫当食物。八月底的时候，我如愿以偿地得到了六个好看的卵窝。

它们都是白色椭圆形，呈半透明状，和一只鸡蛋差不多大，卵窝的两头都有一个小口子，这是传送食物的通道，它们会在里面探头探脑，查看蝗虫的动态，在吃的时候它们也会到外面去，绝对不会弄脏了卵窝。这个卵窝的后门那里也有一个小出口，可以用来逃生，这跟原先的捕网还是有点像，前门那里有许多错综复杂的丝线，昆虫只要经过那里，就有可能会被缠住。

这个卵窝只是一个用来看护卵袋的住所，在里面还有一个有点深白色的漂亮的袋子，固定它的柱子呈辐射状四散开来，使它独立地竖在卵窝中央，好看极了。蜘蛛妈妈会在卵袋周围严密地巡逻，仔细注意着里面的动静。为了进一步观察它的卵，我用镊子把卵窝撕坏，里面填充着很多雪白的绒絮还有一个个淡黄色的卵，直径大约只有一毫米半，卵和卵之间是分开的，还会滚来滚去，于是我把它们都装进试管里。

让我们再来思考一下先前的一个问题，为什么蜘蛛妈妈要产卵的时候就必须离自己的网远远的呢？那些网还可以帮助它们猎取必要的食物，为什么要离开呢？原来那个网悬挂在高高的地方，太扎眼了，很容易引来一些不速之客，会威胁到孩子们的安全，所以它必须离开，找一个相对安静而隐秘的地方。像彩带圆网蜘蛛不惧怕自己的卵窝受到侵害，挂在人人可见的地方结果遭遇了姬蜂的威胁，姬蜂喜欢以蛛卵为食，很多蜘蛛宝宝就这么被扼杀在摇篮里了。相比之下迷宫蛛更加谨慎，它是一个很有防范意识的母亲。

我们之前已经探讨过，蟹蛛在产卵后，会在卵袋的上面趴着守护自己的孩子，自己却饿得皮包骨头，迷宫蛛更是有过之而无不及，只是它的条件要比蟹蛛好很多，不用饱受饥饿之苦，反而吃的胖乎乎的，那个卵窝本身就可以用来捕猎。不时有几只蝗虫从它们的卵窝门前飞过，被门口的丝线缠住，动弹不得，于是迷宫蛛就飞快地跑过来，一口咬住它，吸着大腿里面的营养，挖空它的肚子，剩下的部分也会被吸食干净，这整个过程只需要在门口就能完成。它们必须不断地进食，因为之前它们已经消耗了太多的蛛丝用来建造这个卵窝，在接下来的日子里，它们又要不停地给这个卵窝加厚。

一个月很快就过去了，小蜘蛛孵化出来了，但是它们会继续待在那个温床里度过寒冷的冬天，蜘蛛妈妈却日渐衰弱起来，渐渐停止了进食。在十月份结束的时候，蜘蛛妈妈终于熬不住了，它已经尽到了母亲的职责，现在它幸福地死去了。春天来临了，小蜘蛛们从温暖的房子里走出来，随着微风飘散开来，去开始自己的人生。

以上是在我的金属罩子里的蜘蛛的卵窝的情况，现在我们再来看看那些在野地里的卵窝的状况吧。

我和一些年轻的小伙子们花了两个小时的时间，在迷迭香树丛中发现了很多蜘蛛窝。天啊，它们看起来太可怜了吧！卵袋破破烂烂的，一直拖到地上，垂在泥和沙土堆上，又脏又破旧。当我把它外面的一层树叶撕掉，里面白色的料子就露了出来，里面并没有被弄脏，而在我再拨开外面一层卵壳时，里面出现一个泥做的内核，太让我惊讶了，蜘蛛妈妈故意这么做的，这是它用来保护最里面的蜘蛛卵的保护膜，就像建造起一个围墙，可以有效阻止姬蜂的威胁。

为什么罩子里有沙土，蜘蛛妈妈却不用呢？这是因为沙土离它们太远了，在编织的时候，它们会一边吐丝一边把泥沙和进去搅拌，使它和丝线很好地结合在一起，如果离得太远的话就会十分不方便，它也就会放弃这样的选择。

迷宫蛛的这些行为告诉我们，动物拥有许多非常强大的本能，而且还有许多潜能可以激发出来，这是由不同的条件决定。动物的本能是不是会进化呢？这就不得而知了。

克罗多蛛

　　克罗多蛛名字的来源是为了纪念最早发现这种蜘蛛的人之一，德·杜朗先生。可是又为什么要在前面加上"克罗多"呢？这来自古代的神话故事，克罗多是帕尔卡三位女神中最小的那一个，她的编织纺锤能掌管人类的命运，这个纺锤上缠绕着很多粗糙的毛线，丝束只有几根，金丝就更少了。克罗多蜘蛛看起来非常美，有着优雅的体形和外衣，它是一位有着超凡编织才能的女神。

　　克罗多蜘蛛非常少见，它的窝大多建筑在大石块底下。如果我们运气好，翻起石块的时候，就会看见下面粘着一个裹着粗糙外衣的巢，外面嵌着或者挂着许多土块和贝类，还有一些风干的昆虫壳，样子像是一个倒挂的圆顶，有半个橘子大小。圆顶上有十二个翘起的角，这些角是用来固定在石块上的。那么它的入口在哪里呢？似乎四周都是密封的，没有发现一条可以进去的通道，可是蜘蛛总得要出去觅食吧，出去了也总是要回家吧，到底从哪里进出的呢？

我用一根麦秆四处地戳这个窝，到处都很坚硬，只有一个月牙花边的圆拱边缘分成了两瓣，有一些稍微张开，这就是它的门，能够依赖本身的弹性关上，而且蜘蛛回到家里后，还会用蛛丝把门锁上。

接下来，让我们打开看看它的小房子吧。啊，多么奢华啊！它的床比天鹅绒更柔软洁白，床的上面还有一个同样雪白柔软的华盖。这个蜘蛛贵族就躺在这张床上，它穿着灰颜色的睡衣，背上有五个黄色的徽章，唯一美中不足的是腿很短。

虽然房子里面非常干净，一尘不染的，但是房子外面却很脏很乱，到处是垃圾，有时还会堆放着尸体，看得出来，这些尸体都是蜘蛛吃剩的食物。克罗多蛛并不善于设陷阱捕猎，它采取的是围猎的方法，一块石头接着一块石头地寻找，到了夜里，谁要是不小心掉进了石头下面，蜘蛛就会立刻扑上去把它逮住，吸干它的血，再把尸体扔掉。

值得注意的是，还有很多空贝壳挂在它的窝上，有些里面还完好地住着软体动物，它为什么要弄来这些贝类呢？首先它们的外壳很坚硬，很难弄碎或弄开吃到里面的食物，其次里面的动物黏糊极了，克罗多蛛不一定爱吃。我猜这些贝类是用来压住网的，以保持平衡。

　　要把蜘蛛窝带走未必就要连同石头一起搬，只需要非常小心地用刀把它切下来，带回来以后固定在一些木桩或者纸盒子上就可以了，蜘蛛很恋家，它们不会轻易离开那儿。在上面我又盖上了我的金属罩子。

　　第二天，因为这个窝在搬动的时候严重变形了，所以蜘蛛会放弃它，另外再造一个新的。它会按照原来窝的样子建造新房子，它织出两层轻薄的网，上面那层平一些，下面那层呈弧形垂下来，这个袋子很容易变形，而且空间狭小，这时候我们的蜘蛛会怎么做呢？它在袋子上压了重物，在袋子突出的位置挂上了一串串粘着小沙粒的蛛丝链子，线的底端还挂着一块较重的土块，把整个网面都拉得低低的。这个建筑物是用短短的一夜时间做好的，还有很多加固的工作没有完成，墙壁还要不断地加厚，这时它会放弃原先的沙粒吊坠而改用昆虫的尸体做压重，这就形成了一个保护层，还起到稳固和平衡的作用。

　　如果我们把最外面那层外壳剥掉会怎么样呢？于是，我挑选了罩子下面的一个蜘蛛窝，把外壳小心地剥除干净，到了第二天晚上，蜘蛛开始修葺自己的房子。首先它采用的还是用沙粒串压重的办法，才几个晚上的功夫，上面就垂满了好看的沙粒串。等到蜘蛛吃的虫子越来越多，它又开始用虫子尸体取代沙粒串，把尸体嵌在外壳上，就是通过这样的方法，使得房子又垂坠又好看。

克罗多蜘蛛平时深居简出，只有在觅食的时候才会出来，这对我的观察很不利。十月份左右，我带回一些克罗多蜘蛛的卵，这些卵都存放在洁白柔软的小袋子里，它们互相黏在一起，除非把这卵袋撕破才能分开它们。蜘蛛妈妈像母鸡孵蛋一样压在那些卵上，才一个月不到的时间卵就孵化了，它们很小，样子跟成年的蜘蛛一样，它们会一直待在卵袋里面，直到冬天结束，所以妈妈无法看到它的孩子们，它只是温柔地守护在旁边。当酷热的六月来到的时候，它们会在母亲的帮助下从卵袋里钻出来，乘着风飞去远处。

独自留下来的老克罗多蜘蛛并不会就此死去，它们会活得好好的，开始离开原地建造一个新的窝。虽然原来的窝并没有什么损坏，但是里面到处是不用的卵袋残片，它们牢牢地和房子黏在了一起，要把它们弄走非常麻烦，只能舍弃这个旧巢了。接下来克罗多蛛还是会造一个很大的窝，来为下一批的孩子做准备。我只了解到很少的一些信息，虫子长期饲养克罗多蜘蛛是很困难的事，因此我也没有继续观察下去。

狼蛛的孩子们要在妈妈的背上生活七个月，它们什么也不吃但仍然很健硕，克罗多蜘蛛、迷宫蛛还有其他一些蜘蛛的孩子也是这样，它们是用什么维持生命的呢？

生活在妈妈背上的小狼蛛是不吃东西的，实际上这是值得怀疑的，我们没办法看到狼蛛洞里发生的事情，也许妈妈的确有喂食物给它们，又或者是妈妈吐出了营养物质，透过墙壁渗入里面喂养了小蜘蛛呢？不会的，像迷宫蛛母亲在小蜘蛛刚孵化没多久就死去了，孩子们单独生活在里面还是很健康。那么它们会不会吃自己的房子呢？不会，狼蛛的巢根本就没有可以食用的丝网。无论哪一种小蜘蛛，都是没有进过食的。还有人说会不会是卵里面本来就有物质可以转化成能量供它们生存？这些问题目前还无法确切地进行解答，将来某一天也许就会被科学验证了吧。

朗格多克蝎子的住所

　　蝎子是一种很神秘的动物，它们常常沉默寡言，没有什么吸引人的地方。所以关于它的故事少之又少，我们只了解它的组织结构，却很少研究它的习性，但是在节肢动物当中，它却是最值得我们去研究的，它甚至还入选到了星座中，受到人们的赞美，现在我们让它来亲自说说自己的故事吧。

　　在我家附近有很多朗格多克蝎子，它们喜欢在塞里尼亚山丘的那些干燥的山坡上活动，因为它们很怕冷，那里的沙土也更容易挖掘。蝎子生活的地方植物很稀少，因为太阳的暴晒和恶劣的气候，这里遍布着石堆。它是非常喜欢独居的，绝对无法容忍和另一只蝎子共同享有一个住所。如果你搬开一块石头，发现底下有两只蝎子，那么一定是一只蝎子正在啃食另一只了。

蝎子的窝在石块堆里，是一个瓶口粗，几寸深的一个地洞，它有时会待在里面不出来，要用小铲子帮忙才能把它引出来，不过，请注意你的手指。

普通的黑蝎子在南欧的绝大部分地区都有分布，它经常会出现在人类家里的阴暗角落里，甚至会出现在被褥下面，不仅令人害怕，更令人感到厌恶。

人们对朗格多克蝎子知道的很少，因为它分布在地中海沿岸的那些地方，而且远离人类的居住环境。它的个头很大，可以达到八到九厘米，令人更加害怕。

蝎子的尾部由五节棱柱构成，像一串珍珠。它的螯钳、前臂和背部都布满了细线，它穿着一身铠甲，铠甲的各个拼接处还有很多坚硬的突点。它的毒液存放在尾部第六节的囊里面，尾巴的末端还长着一根弯曲的螯针，螯针非常的坚硬、锋利，简直就是一根针。离螯针很近的地方有一个十分微小的孔，毒液就是从这个孔里出来的。因为螯针是弯曲向下的，所以当朗格多克蝎子要使用它的时候，就必须把它举起来，从上往下进行攻击。平时它都是以上举的姿态生活的，很少把它伸平。

蝎子的螯钳不仅是战斗武器，也是信息探测器，同时还可以当作手来抓取食物。蝎子的脚上长着许多灵活弯曲的小爪子，上面还长满了又粗又硬的绒毛，那是用来行走、保持平衡和挖掘的。靠着它的脚下面有一个栉，这是蝎子特有的一种器官，由一排薄片构成，像我们平时用的梳子，它的一个作用是平衡蝎子的行走，当蝎子行走的时候，它们就伸出来，像两片翅膀，休息的时候就收进去，贴在肚子上，当做平衡器来使用。

蝎子总共有八只眼睛，在头和胸的中间部分有两只又大又凸的大眼睛，另外的六只，三个一组长在更靠前的地方，比起先前的那对要小，不管是小眼睛还是大眼睛都不太能看清前面的景物，它是个近视眼。那么它又是靠什么前进的呢？答案是螯钳，它靠伸展开的两只螯钳，摸索着前进，并探索四周有无障碍物。

为了好好观察蝎子的生活习性，我想出了一个好主意，把它们养在自然的环境里，这样我也不用为它们的食物问题而担心。我在自己家的花园里圈出了一块土地，费了很多脑筋才把这里布置得跟它们原来的家相似，我给它们挖了好大一个坑，填进了跟它们生活的地方很相似的沙土，踏实以后放上了一块大石头盖住，在前面我还挖了一个缺口当作入口。我把蝎子放在入口处，它们见到和以前差不多的环境，就钻进去不出来了，这里有二十多名居民，都可以尽收眼底。但是，光是有圈出来的地方还不够，我又在金属罩子下面养了一些蝎子。同时我还尽可能把雌蝎子和雄蝎子辨别开来，成双成对地放在一起。蝎子的性别其实很难辨认，我把肚子大一点的当作是雌的，瘦一点的当作是雄的，虽然无法确认，但总是有几对会配成功的吧。

在金属罩子底下的蝎子让我很好地观察到了它们挖掘的本事，朗格多克蝎子懂得如何挖地洞给自己居住，我在里面插上很多碎瓦片，做成洞窟的口子，接下来它们就立刻开始了工作。它们灵活地把土翻出来再碾成粉末状，将尾巴平放在地上推扫泥土，做清扫的工作。它们的动作很快，不一会儿就消失在地洞中了，洞口还有一个小土堆堵着，里面不时还会清扫出一些土来，当它们要出来的时候，会毫不犹豫地把小土堆推倒。这时，居住在露天的那些蝎子也开始建造自己的地洞了，你看，它们都消失在洞里面了，洞口还有一个个小土堆。

喜欢住在人类的住所的黑蝎子就没有自己挖地洞的本事，它不会挖土，只会利用废墟或是开裂的木缝这些现成的地方当作自己的巢穴，原因可能是因为它的尾巴过于光滑纤细，没有朗格多克蝎子那么强壮有力。

蝎子喜欢感受炙热的阳光透过石头的温度。当寒冷的冬天到来时，蝎子们就全都躲在地洞里不出来了，难道已经被冻僵了？当然不是，天气一冷它们就缩到里面，太阳一出来又会来到洞口，让阳光暖暖地烤着背。四月份的时候却出现了意想不到的事情，罩子下面的蝎子，不愿意再住在地洞里了，它们宁愿在外面闲逛，而露天营地里的蝎子从自己的地洞里爬出来，永远地消失不见了，最后连一只都不剩。

　　为了保住那些珍贵的露天营地里的蝎子，我要在四周建起高高的围墙，深入底下足有一米，用水泥把墙面抹得光光的，还扩大了它们活动的区域，接着把剩下的蝎子和刚刚新捕来的蝎子放进去，这下该万无一失了吧。可是我又错了，第二天，里面所有的蝎子还是跑得一只不剩，哦，我忘记了蝎子都是攀登高手，能用钩爪抓住水泥墙面快速地往上爬。看来露天养殖是行不通的，我只能依靠那些罩子里的蝎子了。而这些蝎子因为场地狭小，缺少邻居和太阳光强烈的照射，都懒洋洋的，无法进行正常的观察。

　　于是我开始建造一个透明的玻璃围场，四周是光滑的玻璃，有四根木头柱子支着，为了防止它们逃走，我在上面刷上了柏油。底下铺着沙土的木板，上面还有一个可以盖起来的顶，可以御寒和保持干燥。这里很宽敞，里面住着二十多只蝎子居民，闲暇时间，还可以到外面来散散步。但是这些木头柱子尽管很光滑了，还是无法阻挡它们顺着柱子爬上去，有好几次我都发现有几只都爬到了顶上，后来我又给木柱子涂上油和肥皂，但是这还是没起什么作用，最后我只能贴上涂了一层羊脂的玻璃纸，这才防止了这种越狱行为。它们的确是非凡的攀登能手。

朗格多克蝎子的食物

尽管朗格多克蝎子拥有非常骇人的强大武器，但是它们的饮食其实是非常简单的。当我在附近的乱石堆里或它们的巢穴搜寻的时候，几乎找不到什么食物残留的痕迹，或者只是看到一些椿象的鞘翅，蝗虫被肢解的残骸，或者一些长大了的蚁蛉的翅膀。

受到挫折，我继续在我花园里的蝎子营地观察它们的饮食习惯。从十月份到来年四月的六个月时间里，它们几乎从不出来，它们有自己特定的进餐时间，就算我把食物放在洞口，也没有人理会。

一直等到三月底，它们才渐渐开始进食，吃一些瘦小的蜈蚣，一次过后它们要等很长的时间才会有第二次的进食。而且出乎我的意料的是蝎子的饭量特别小。另外它还是个胆小鬼，在路上遇到一只螳螂都能让它胆战心惊，或者一只蝴蝶拍拍翅膀就把它吓跑了，不到饿得万不得已，它是不会轻易去捕猎的。

四月份来临了，蝎子们的胃口也越来越好，我思索着该喂它们些什么好呢？蝎子和蜘蛛一样喜欢吃活的生物，对尸体是不屑一顾的。于是我喂它们吃蝗虫，可是都被它们拒绝了，因为蝗虫的肉质比较硬，而且会使用强有力的后腿作为防卫，蝎子胆子很小，被吓跑了。我又试着喂它们吃田间蟋蟀，蟋蟀有圆溜溜的肚子，而且肉质柔软，但是蟋蟀们在里面吃着新鲜的莴苣叶，唱着歌儿，快乐地过了一个月依然安然无恙，蝎子只要稍稍一碰到它们长长的触须就吓得拔腿就跑，蟋蟀们来这儿度了假，我就又恢复了它们的自由。我又给它们送去常常在它们生活的乱石堆附近出现的那些昆虫，像鼠妇、盗虻、球马路，还有附近荆棘丛里的锯草叶，沙土里的虎甲，可是它们也都被蝎子一概否决了。我该去哪里找来它们那些鲜嫩有可口的食物呢？在一次十分偶然的机会，我找到了它们，野樱桃朽木甲，它们长着柔嫩的鞘翅，喜欢吮吸花蜜。

经过漫长的等待我终于看见它们进食了。野樱桃朽木甲一动不动地停在地上的时候，蝎子会慢慢地靠近，然后用螯钳猛地把它们夹住送进嘴里，整个过程安静平和，没有战斗没有对峙，在咀嚼的时候虫子还在扑腾翅膀，影响了它的进餐，于是它用螯针轻轻地扎着虫子，再小块小块地继续送进嘴里。经过几个小时的咀嚼，这团猎物已经索然无味，变成无法被消化的球状，它再用自己的螯钳把虫子躯壳从喉咙里拉出来扔到地上，接下来它们很长的一段时间都不用再吃东西了。

傍晚，玻璃围场里面会异常喧闹。四五月份的时候，院子里的花丛里飞舞着很多金凤蝶和菜粉蝶，我捉了十几只，把它们的翅膀折断后放进玻璃围场里面，晚上八点钟左右，蝎子举起尾巴，威风凛凛地出来了。那些残疾的蝴蝶在里面乱跌乱撞，有的甚至撞上了蝎子们的螯钳，但是蝎子一点也不去碰它们。不过有时我还是能偶尔见到它们进食的场景的，一只蝴蝶在地上拼命地挣扎，蝎子过去快速地用螯钳将它夹住，继续前进，只是叼着它，并不马上进食，摸索着前面的道路，如果猎物很猛烈地反抗，它就会用螯针轻轻扎它，让它安静下来，最后蝴蝶被放下来，我发现它只是把蝴蝶的头吃掉了而已。有些蝎子会把猎物拖进巢穴里吃，还有的缩到墙角去吃，总而言之，它们吃的非常少，也许是因为它们对蝴蝶这种生物不太熟悉，毕竟在蝎子生活的地方蝴蝶是基本不去的。那它们平时都吃什么呢？

那么一定是蝗虫类昆虫了。于是等到蝗虫泛滥的季节，我开始把捕捉到的蝗虫放进玻璃围场里，蝎子们可以尽情地挑选自己的食物了。可是夜晚到来的时候，蝎子们从洞里钻出来，到处都是活生生的跳跃的美食，蝎子猎手不费吹灰之力就能得到它们。但是它们仍然一点也不动心，有一只小蝗虫还跳到了蝎子的背上，它就尽管把蝗虫驮来驮去，只有非常少见的情况才会出现捕猎的场景。它们是多么温和啊。

可是到了交配的季节，对它们的好印象全部都扭转了，这些平时饮食朴素的蝎子们开始暴饮暴食起来。有很多次我都看到有一只蝎子正在啃食自己的同类，全部都吃光了，只留下一段尾巴，这种情况总是发生在交配的季节，而且那些被啃食的蝎子都是雄性的。这悲惨和荒唐程度简直跟螳螂一模一样。

这顿大餐的量非常大，也许在夜半时分它们还会继续吃一些小型的夜宵，于是我又做了一个实验来测试蝎子的食量。

初秋的时候，我把四只体形中等的蝎子，分别放进了四个罐子里，罐底铺着沙石，上面再放上一片碎瓦片，罐口还盖上了一片玻璃，我把它们放进了温室里面，完全和食物阻断。它们会怎么样呢？

一直到冬天过去它们都非常健康，没有一只死去。但是随着气温越来越高，当别的蝎子开始进食的时候，它们会不会因为饥饿过度而虚弱不堪呢？根本不会，它们和那些进过食的蝎子一样活蹦乱跳。但是到了六月中旬的时候，它们不可遏制地死了三只，还有一只熬到了七月份，整整九个月的时间才使它们死亡。

还有一组的实验对象要更年幼一些，只有两个月大。十月份起我把它们豢养在玻璃杯里，上面盖着一块细纱，底下铺着细沙土供它们挖掘，结果它们也十分健壮地活到了来年的五六月份。这个实验说明朗格多克蝎子可以在一年四分之三的时间里不吃任何东西，体形长得也特别慢。那它是怎么把相距很长时间吃下去的食物累积成了每天所需的营养的呢？一定是它寿命很长的缘故吧。

要推测蝎子寿命其实不难，只要看看它们的身材就可以了，我把它们分成五类，最小的只有一厘米半长，最大的可以长到九厘米。它们之间的年龄差距在一岁左右，它们只靠一点点的食物就能活上五年的时间。

蝎子虽然的确一直在非常少量地进食，但是每一次吃得都非常少，而且与下一次进食相隔的时间非常长，那它们到底为什么要吃东西呢，每一次我去看的时候它们都异常活泼，摆动着尾巴扫洞口的沙土，而且它们会持续不断地挖上八到九个月时间。这需要有足够多的能量才能持续这样的活动，那蝎子们消耗的是什么呢？答案是：没有。要知道，我一直都没有给它们喂食，那么那些能量极有可能来自它们身体内部的存储。但是问题就在于不管是体形肥壮还是瘦小的蝎子都是一样的，瘦小的蝎子能有多少能量供应呢？蜗牛如果停止进食，那么它们也会同时停止其他任何活动，以避免能量的消耗，但是蝎子在不进食的同时并未减少活动，这真的让人无法理解。

在我们生活的这个煤炭时代，蝎子这种动物是多么神奇啊！不用吃东西就能活动。经过很多的思考，我认为蝎子可能是从周围的热量中获得了大量需要的能量。那些可以食用的有形食物，蝎子在蜕皮的时候是需要的，这时它的背上的皮肤会裂开一条缝隙，只要向前轻轻的滑动，就能从旧皮里面挣脱出来，这个时候必须要进食才能补充消耗的能量，不然的话它们就会死去。

朗格多克蝎子的毒液

　　先前我们已经提到蝎子并不用自己的螯钳猎杀小的猎物，只用它来进餐，螯针的作用更是次要的。那么它什么时候才会使用它的螯针呢？要等到生命攸关的时候！我也不知道那会是什么样的对手，有谁敢跟蝎子动手呢？为了测试蝎子的毒性，我决定制造一起斗争事件。

　　我在一只敞口瓶里放入一只朗格多克蝎子和一只狼蛛，底下铺一层细沙，这两种虫子都有令人生畏的毒钩子，狼蛛虽然个头比蝎子小，但是身手非常敏捷，到底谁会赢呢？看起来好像狼蛛会占上风，因为它攻击的速度很快。但事实却相反，当狼蛛蓄势待发等待着蝎子时，蝎子举着两只长长的螯钳，一下就把狼蛛夹住了，使它动弹不得，狼蛛根本无法靠近蝎子。蝎子根本未作任何的搏斗，只要再把螯针往对手前胸一刺就结束了。它费了点力才刺入狼蛛的身体，刺中后还停留片刻，使毒液大量释放，很快狼蛛就死了。经过六只昆虫的实验，结果都令我十分震惊。蝎子采取的都是相同的战略，先发制人，速战速决。

食用失败者是蝎子们的惯例，所以当狼蛛被杀掉以后，它立刻就开始大口大口地啃食它，先从头部吃起，这也是它的习惯，除了坚硬的腿脚，其他部分都被蝎子吃完了，一共花去二十四个小时。这些猎物到底是怎么消失在它小小的肚子里的啊，一定是因为它有特殊的消化系统，既能长久的不进食，又能暴饮暴食。

让我们再来看看，面对性情比较温顺的圆网蜘蛛蝎子会采取什么措施吧。圆网蜘蛛善于编织大网来捕猎，但是一旦离开它的网就变得十分弱，根本不会运用蛛丝做武器，无法把蝎子捆绑起来，结果就很明显了，它们同样会拥有和狼蛛一样的命运，最后成为蝎子的口中美食。

如果是螳螂又会出现怎样的局面呢？我们很难看到螳螂和蝎子之间的斗争，所以只能人为地创造条件。我挑选了一只体形比较强壮的蝎子和一只螳螂，把它们放进一个罐子里，让它们决斗。实际上蝎子是很吝惜自己的螯针上的毒液的，并不是每一次进攻都会释放毒液，更多情况只是扫对方一下。当螳螂被蝎子的螯钳夹住以后，立刻摆出威慑的姿势，张开翅膀，举起前爪，这一点也不起作用，蝎子将针刺入它的两爪之间，注入毒液，螳螂立刻就死去了。蝎子刺中的是螳螂主要的神经中枢的位置，那里最为脆弱，这只是偶然，蝎子不会策划自己该刺哪里，只是就近而已。那如果蝎子刺入的部位并不致命会怎么样呢？

接下来我又试过好几次实验，都是在偶然情况下记录螳螂被刺中的位置，以及之后的反应，因为我无法操控蝎子去刺哪一个部位。其中有一次螳螂被刺中了它第三对脚边上的腹部，立刻螳螂的各个器官全部停止了工作。还有一次，它刺中了螳螂两根前爪中的一根，这根前肢也立刻停止运作，一动也不能动了，其他脚也都蜷缩起来，不一会儿全身都不能动了，死亡很快将螳螂吞噬。还有一次螳螂被刺中的部位是大腿和小腿关节相连的部位，四条腿立刻就蜷曲起来，全身抽搐，前爪胡乱挥舞，触须一阵乱颤，持续了十五分钟以后，它还是没有逃脱死亡的命运。每一次实验都是这样在令人惊奇的场景中进行，但是结果都是一样的，不论蝎子刺在螳螂什么部位，它都会死，死亡的速度之快，令人咋舌，蝎子毒液的毒性真是比最毒的毒蛇还要厉害。面对同样的毒液，不同的昆虫会有怎样的表现呢？我感到十分好奇，于是我又做了一系列的实验。

我把蝎子和蝼蛄放在一起，蝎子不等蝼蛄摆好架势就已经冲上去刺入他的铠甲，蝼蛄的身体机能很快陷入瘫痪，两小时后停止抖动，死亡时间比狼蛛和螳螂都要晚。灰蝗虫在受到惊吓以后，不自觉地把腿给弄脱落了，这是常有的事，在被蝎子刺中一刻钟后，它停止了跳动，倒下了，但是并没有立刻死去，一直支撑到第二天。蚱蜢和蝗虫情况比较类似，不过我见到过有些飞蝗类昆虫能活过一个多礼拜才慢慢瘫痪，如螽斯。

当金步甲被蝎子蜇伤以后，那场面真的太可怕了。它的腿脚痉挛着，倒地不起，肚子剧烈地鼓动，从胃里呕出一摊黑色的东西，躺在地上等死。那对于葡萄根蛀金龟呢？在鞘翅科昆虫中数它最强壮了，它被蜇伤后还能挺三四天的时间，但是保持着倒地不起的姿势，最后平静地死去。下面让我们来看看蝴蝶会怎么样。海军蛱蝶和金凤蝶一被蜇到就立刻死了。但是大孔雀蝶却令人赞叹，蝎子很难准确地刺中它，在它被刺中以后我把它放进金属罩子里，第一天它很健康，没有半点异常，第二天同样也是。第三天，我把它从丝网上拿下来，它一动不动，我想也许它死了，结果它猛地扇动了几下翅膀又活过来了，直到下午才渐渐停止了一切活动，死去了。

让我们再来看看节肢类动物的反应吧，观察一下蜈蚣吧。蝎子对蜈蚣并不陌生，对于蝎子来说蜈蚣是非常不错的食物，尤其是那些手无缚鸡之力的石蜈蚣和隐身蜈蚣，不过我想让它面对的是一种最为凶残的蜈蚣，噬咬蜈蚣，长着二十二对脚。我把它们俩放进敞口瓶里，刚开始蜈蚣沿着瓶子的边缘使劲绕圈子，抖动着头上的触须，谨慎地探寻着四周的信息，忽然，它猛地往后一缩。这时蝎子已经做好了攻击的准备，高高地举起尾巴和螯钳，非常迅速地，蜈蚣就被蝎子钳住了，不管它怎么努力扭动挣扎都无济于事，与此同时蝎子举起自己的螯针给了它几针，当然蜈蚣也有很厉害的毒牙，但是无法派上用场。我把它们分开，蜈蚣被蝎子一共刺了三次，但是它并没有反击，只是试图继续逃跑。半夜里发生的事我就不知道了，也许蝎子还会继续给它几针，到了第三天蜈蚣明显虚弱了，第四天奄奄一息了，可蝎子还是不敢贸然去咬它，等到确认蜈蚣已经完全死透了，它才大快朵颐了一番。

不同种类的昆虫在被蝎子蜇伤以后，死亡的时间各有不同，但是它们共同的命运都是死亡，这是因为它们内部的结构不同，维持生命平衡的稳定性也是不同的，等级越高的动物反而更容易丧命，像狼蛛几乎立刻就一命呜呼了。到现在为止，我们还没法弄清楚蝎子的毒液到底是怎样奇怪的毒药。

朗格多克蝎子爱的序曲

　　四月份的时候，一向没有那么暴戾的蝎子一反常态，平时进食少而简朴的它们突然开始暴饮暴食，有时还能见到惨绝人寰的同类相食的情况，为什么会突然出现这种情况呢？我百思不得其解，后来终于我领悟过来了，那些被吃掉的蝎子个头全不是很大，腹部扁平，身体呈金黄色，这说明它们都是雄性的，而其他的那些体色浅而胖大的蝎子则不会面临这样悲惨的命运，看来这并不是普通邻居间的一些争斗，我们联想到另一种动物间的行为——交配。等来年春天的时候，让我们来好好的一探究竟吧。

　　这次，我做好了一切准备工作，在一只玻璃笼子里面养了二十五只蝎子，白天这里总是一片寂寥，到了晚上就热闹起来了，所以每天一吃过晚饭我们全家就都聚集到那里，观察着笼子里发生的事情。这里发生的事情太有趣了，一定不能错过，就连我们家的狗都来了。

借着灯光，让我来告诉你这里到底在上演着什么样的一幕。蝎子们会受到灯光的吸引而来到亮处，它们吵吵嚷嚷扎成一堆，但是它们又都是近视眼，如果有谁不小心碰到对方立刻就像碰到了什么滚烫的东西，弹簧一样立刻惊吓着弹开了。不过有时候里面也出现十分混乱的情况，它们会用螯钳和对方又抓又打，搞不清楚到底是在威胁对方还是一种爱抚，场面看起来既像是一场大杀戮，又像是一场闹剧。不过，当它们各自散开的时候，并没有谁受伤。

有时一只蝎子会爬到另一只蝎子背上，而下面的蝎子并不会恼怒，对它拳脚相加。或者还会有更有趣的姿势，两只蝎子收起自己武器，直立起来，用前半部分身躯支撑着，倒立起来，尾巴互相摩擦、缠绕又松开，重复几次，结束后又各自匆匆离去。它们这样十分有趣的行为是在求爱。

一九零四年四月二十五日，我见到了以前从没见到过的场景。两只异性的蝎子将螯钳互相握住了对方，样子谦和恭敬。接着它们翘着漂亮的卷起的尾巴，开始在玻璃边缘散步，雄蝎子走在前面，稳稳地倒退着前进，雌蝎子柔和地跟在后面，它们一直牵着手。它们只是这么游荡着，就像一对年轻的男女互诉着彼此的爱意。

整整一个小时，它们就只是重复着这样的行为，并不感到厌倦，我们全家都聚精会神地观察着。终于在十点左右，它们停止了散步，雄蝎子用尾巴扫出了一个地洞，它们两个进入里面消失不见了。

因为夜深了，而且我们不想去打扰它们两个，所以都回去睡觉了。到了第二天早上，当我翻开昨天它们进入的地洞，里面就只剩下雌蝎子一个了，雄蝎子已经不知所踪。

五月十日。马上就要有一场暴雨来临，现在大约是晚上七点，有一对蝎子待在一块碎瓦片下面，它们看起来恩爱极了，温暖的家可以保护它们免受暴雨的侵袭，雨下了一个小时后停了，我觉得它们马上就会进行交配。于是我们全家轮班开始观察它们，但是结果让我们都很失望，似乎它们觉得这个地方不太适合，于是开始手牵着手寻找另一处住所。接下来就跟我上一次看到的那对情侣一样，等它们找到一个合适的地洞，就消失不见了。两小时后等我再掀开来看时，它们的动作没有任何变化，仍旧是手拉着手。第二天也同样是这样，没有一点儿变化。

但是通过这两次的观察，我们可以得出的结论是：第一，当两只蝎子确定了恋爱关系，它们就需要寻找一处隐蔽而安静的地方，绝不会在露天待着。其次，它们在住所里待的时间会很长，我看到的那一次足足有二十四个小时之久，而且没有发生任何事。

五月十二日。今天晚上天气非常炎热，正适合蝎子情侣们嬉戏玩闹。有一对蝎子很快确定了恋爱关系，这次雄蝎子的体形要比雌蝎子小很多，虽然它个子矮小，但是还是尽职尽责地履行了自己雄性的职责，它拉着自己心爱的女孩子，绕着玻璃边缘一圈又一圈地散着步，有时它们会停下来把额头靠在一起似乎在窃窃私语。我们全家都赶来看，大家都没有打扰它们，其他蝎子也没有谁去打扰它们，如果在路上遇见了，会自觉地让路。晚上九点的时候，它们也找到了一处藏身之所。

接下来发生的事实在令人惊叹，这个悲剧就发生在深夜。第二天一大早，当我掀开它们的住所，被眼前的一幕惊呆了，只有雌蝎子在里面，旁边是雄蝎子的残骸，它的头、一对脚和一只螯钳已经被吃掉了，其他的部分就被丢在洞口处，雌蝎子再也没去碰过它。傍晚时分，它从家里出去，看到这具遗骸，才继续啃食，把它吃完。这种同类相食的情况和我去年在蝎子营地里见到的情况基本一致。这个可怜的雄蝎子新郎啊，它已经完成了自己传宗接代的神圣使命，不然雌蝎子会让它继续活着的。

五月十四日。夜里的时候，这些蝎子全都焦躁不安，不过这不是因为饥饿和食物的原因，这里的食物非常充裕，有味道鲜美的小蝗虫，还有蜻蜓、尺蛾，这些都是它们非常喜爱的食物，而且可以不费吹灰之力地捕获。可是，这些躁动的蝎子对此完全不屑一顾，它们一点也不需要食物，而真正关心的，还有别的事。

几乎每一只蝎子都沿着玻璃墙壁兜着圈，它们试图要离开这里，尽管这个玻璃围场还是非常宽敞的，它们可以尽情地在里面游荡，但是这还是无法满足它们，蝎子们依然想要去远方流浪。去年的这个时候，我的营地里的蝎子不就跑得一个都不剩了吗?

春天来临的时候它们就要去远行完成交配任务，它们从家里出发，来到乱石堆里遇见自己的伴侣，我真想去那儿看看它们会做些什么。也许和在我的围场的时候没什么两样吧，它们会手牵着手长长地散着步。

五月二十日。其实，并不是每次都能看到雄蝎子们是怎样邀请雌蝎子去散步的。当看到它们的时候，很多都已经完成了配对，双双从石头底下钻出来，它们会彼此面对着面，一动不动地待上一整天，什么事也不干。夜晚来临的时候，它们再一次开始沿着玻璃边缘散步，根本无法看清楚它们是如何进行交配的。

今天我非常幸运地目睹了整个邀请的过程。一只雄蝎子爱上了蝎子群里的一只雌蝎子，姑娘也没有拒绝小伙子的邀请，它们用额头碰碰对方，互相用螯钳拉着，尾巴也钩在一起，倒立着竖起来，非常轻柔地抚摩着对方。接着它们把身子正过来，拉着手开始踏上远途。看来，它们刚刚的行为正是交配发生的前兆。

我们跟着一起去看看吧。这只雄蝎子带着它的伴侣走在路上，途中会有其他的雄蝎子向雌蝎子示好，或者拉住雌蝎子的后腿，雄蝎因为拖不动两只蝎子而毫不犹豫地放开了自己爱人的手。它有可能会牵起其他雌蝎子的手，但是到最后它要的，还是那只第一次遇见的雌蝎子，它再一次牵起爱人的手，向前走去。

　　这时候，雄蝎子突然做起了十分古怪的动作，它将自己的螯钳一伸一缩，同时也要求雌蝎子这么做，做完一阵就待着不动了。接着它们的额头又碰到了一起，嘴巴也贴在一起，雄蝎子还用前腿轻柔地拍打着雌蝎子的脸，雌蝎子就这么被动地接受着对方的摆弄，不过如果它不愿意继续下去了，就会挥动自己的尾巴，甩在雄蝎子的头上，雄蝎子就会立刻松开。

　　五月二十五日。我们知道，当雄蝎子想要爱抚雌蝎子的时候，有时也会受到顽强的反抗，比如用尾巴狠狠地扫一下雄蝎子的头。的确，雌蝎子也不是总那么温顺的，它们有自己的性格，也会突然地提出分手，两只蝎子一刀两断。

　　晚上，两只般配的蝎子手拉着手，优雅地散着步，雄蝎子用尾巴扫出一个洞穴，雌蝎子顺从地跟它走了进去。可是没过多久，雌蝎子又倒退着走出了这个洞穴，看来它还是有不满意的地方，雄蝎子呢，则在洞里面拉扯着它的爱人，好像在祈求它不要离开，又或者是在进行着一场激烈的争吵，它们之间就这么僵持着，分不出胜负。最后，我们的雌蝎子大力士，猛地一拉，把雄蝎子从洞里给拉了出来。它们并没有就此分手，而是来到外面再一次散步，沿着玻璃墙边缘绕了一圈又一圈，后来它们又重新回到了刚刚那个洞穴里面，雄蝎子钻进里面，拼命往里面拉着雌蝎子，简直就是一个疯子，而雌蝎子呢，再一次疯狂地抵抗着，最后还是被拉了进去。过了半小时以后，我把盖住它们的那个瓦片拿掉，想看看里面的情况，结果雌蝎子还是走掉了，雄蝎子失望地在洞口四处张望，看来我们的蝎子姑娘真是使了一个诡计呢。

朗格多克蝎子的交配

阳光强烈的六月份来临了，我怕蝎子们受到光线的干扰，于是我把灯笼挂在离玻璃墙壁有一段距离的地方，但是这样光线又太弱了，不适宜我的观察，我又把灯笼挂到了玻璃围场的正中间，没想到蝎子们很喜爱这样的灯光，激动极了，还试图爬上灯笼的顶端。

在光线的照射下，我清楚地看到一只立起身子的雄蝎子在向它的伴侣靠近，通常情况下都是雄蝎子主动，举起它们的螯钳去拉雌蝎子的手，而雌蝎子则处于被动状态。在非常罕见的情况下，我还看到过雄蝎子不管三七二十一粗暴地拉住雌蝎子的尾巴或者腿往前拖，而雌蝎子会表现出反抗，不过这种反抗往往不会奏效，这看起来就是一出绑架。不过试想一下，在交配完成之后雄蝎子就会被自己的伴侣吃掉，那它们为什么还这么执着地要去抓将来要吃掉自己的雌蝎子呢？真是令人费解啊。

经过好几个晚上的观察，我发现那些狂热的雄性蝎子寻找的伴侣都是那些看起来个头小小的，肚子也不会大大鼓起的雌蝎子，而那些体形庞大，肚子鼓鼓的雌蝎子基本上不会参加这种情爱的小游戏。它们已经上了年纪，在去年的这个时候，它们也曾经历过这些，现在它们的热情已经冷却，还有更重要的事情在等着它们去完成，那就是孕育新生命。雌蝎子的怀孕期特别的长，有足足一整年的时间。

让我们再来看看刚刚那对蝎子，当我第二天早晨再去看它们的时候，又有一对蝎子在里面，它们俩正在瓦片底下面对面，手拉手，而且很快就开始踏上远途，这令我感到十分惊讶，很少有蝎子在白天就去远处的，这种事通常发生在晚上。后来，我知道了原因。是因为雷雨的关系，这种天气会让蝎子们兴奋。这对情侣来到一处开着门的住宅，正要进去，可是房子的主人从里面出来了，它挥舞着螯钳，仿佛在对它们嚷嚷："快走开！到别处去，没看到里面已经有蝎子了吗？"又尝试了很多次，都没有找到合适的住所，所以它们只能回到一开始合住的那间房里。

合住生活并没有什么大问题。它们太平地度过了一天以后这两对蝎子就分开了。我曾经说过在野外蝎子喜欢独居的生活，但是在我的玻璃围场里却时常产生群居的现象，说明我们不能立刻就判断它们会完完全全地阻隔与邻居间的交往，相反在这里的蝎子们把群居当成是很正常的行为。它们会随意钻入一个住所，住所的主人也不会有什么怨言，只有在冬天的时候，它们才会用固定的住所，在其他时候还是临时住所居多，不过这种互相容忍的情况只存在于成年的蝎子中间，大概是它们害怕对方的报复吧。还有一个原因是为将来寻找伴侣奠定基础。它们的性格好像变得温和了好多，但本质并没有改变。它们会非常残忍地对待那些已经稍微有些长大但还不会生育的小蝎子。

我亲眼见到过一只个头小小的蝎子，漫不经心地路过一个房子门口，突然里面冲出来一只肥胖的蝎子阿姨，一下就用钳子夹住了小家伙，一口一口地把它吃掉了。很多年轻蝎子就这样在青春的岁月里，沦为了同类的盘中餐。我把雌蝎子这样的怪异行为归结于妊娠期的反常举动，怀孕的时候，蝎子妈妈会脾气暴躁，气量狭小，稍一不开心，就会把对方吞掉。不过等孩子出生了以后，它们又会恢复较为平和的脾气，杀戮情况也就几乎看不见了。

在大多数情况下，蝎子们是不会对自己的同类大打出手的，更不会残食对方。即使是两只雄蝎子都爱上了同一只漂亮的蝎子小姐，它们的斗争也不会伤害对方，只会同时拉住雌蝎子的手，向两边拉扯，看谁的力气比较大。它们甚至不会接触到对方的身体，可怜的只有被拉扯的那只雌蝎子罢了。最后还是没有得出结果，而三只蝎子都已经筋疲力尽了，于是它们三个围成一个圈，握着彼此的螯钳，再一次互相拉扯，直到有一只蝎子松了手，灰溜溜地走掉，才宣告结束。胜利者便拉着雌蝎子的手，开心地散起步来。

　　从四月份的末期到九月份的初期，一共四个月的时间里，蝎子们爱的序曲一直都在轰轰烈烈地进行着。我一直都很想看看这些蝎子情侣们会在瓦片底下做些什么，但每次都失败了，只要我一翻开瓦片，它们就立刻离开那里，重新开始长途旅行。看来，还是要寻找一些更自然的途径来进行观察。

　　七月三日，上午七点，有一对蝎子情侣引起了我的注意，它们是前天晚上才在一起的，因为屋子太狭窄了，所以雌蝎子的半个身体露在了外面，但是依然和爱人拉着手，它把尾巴弯成了个拱形，一动不动地趴着，它就一直保持着这个姿势，再也没有改变过，雄蝎子也是如此。这两只蝎子就这么从白天待到了晚上八点钟。它们到底是在做什么呢？我无法理解。接着这只雌蝎子突然动了起来，抽回了自己那只被拉住的螯钳，跑掉了。雄蝎子也只能离开，一切结束。我的耐心都快被消磨光了，到底它们是什么时候进行交配的呢？

　　只有那么一次，我好像隐约看到这件事情的发生。那天，我翻起一块瓦片，看到一只雄蝎子翻转着身子，肚子朝天慢慢地滑到雌蝎子的身子下面，它们的手始终没有放开，它们两个只要这么一动不动地待着，就能完成交配了，但是由于我的突然出现，它们受到了惊吓，立刻就分开，逃走了，看来它们的交配行为和蟋蟀十分相似。

有的时候在交配完成以后，瓦片底下就只剩下一只雌蝎子，雄蝎子的离开是有原因的，如果它侥幸能逃脱的话，那是命运之神对它眷顾，要不然，就会被自己的爱人拖住，并杀死吃掉。通常情况下，逃脱是十分艰难的，交配的部位，也就是带着锯齿的栉会紧紧地扣在一起，要马上抽离十分艰难，就在那个当口，雌蝎子有足够的时间一把揪住它的丈夫，把它大嚼一顿。

你一定会问，雄蝎子不是有很厉害的毒针吗？它难道不能进行自卫吗？不能。因为它的姿势是背部朝下的，这严重妨碍了尾巴的运用，尾巴被压住了，不能翘起进行攻击，只能等死。

朗格多克蝎子的家庭

　　讲述关于生命命题的书本非常少，我们与其去翻阅那些书籍，还不如自己亲自去观察来得有趣。同时，实地的观察往往能得到更加真实和有价值的信息，不会受到书本的影响而停滞不前。我看过一篇大师写的论文，描述了朗格多克蝎子的家庭，上面说它们是从九月份开始才背上家庭的重担的，这是不准确的，实际上，它们从更早的时候就已经开始繁殖下一代了。

　　因为事先没有留意，一味遵循书本上的知识，我几乎浪费了一年的时间，后来才偶然发现朗格多克蝎子在七月份的时候就开始繁殖了，我想会产生时间上的差异，可能是因为气候的关系，我进行观察的地区是在普罗旺斯，而书本上的信息来源是在西班牙。我会知道这件事情，还要感谢一只普通的黑蝎子。

　　普通的黑蝎子，体形比较小，也没有朗格多克蝎子那么好动，它们生性比较安静，为了将它与朗格多克蝎子进行对比，我把它们养在了敞口瓶里，里面放了一块帮它遮挡的硬纸板，只有在这么小范围的瓶子里才能实现，如果是大的玻璃围场的话，则几乎不可能，我每天去都会看看。

　　七月二十二日，上午六点。当我掀开这个硬纸板的时候，惊讶地发现，一只雌蝎子身上聚集了很多它的孩子，密密麻麻，好像披上了一件白色大衣，这令我感到又惊又喜，这是我第一次看到这样的景象，而且是在一夜之间完成的。接下来真是惊喜不断，第二天，第三天陆续有雌蝎子孵化了它们的宝宝。那么朗格多克蝎子们会不会也这样呢？

　　我赶快来到了我的玻璃围场，一一翻开了那二十五块瓦片，真是太棒了！其中有三块瓦片下面的雌蝎子有了自己的孩子，还有一只雌蝎子的孩子都已经有点长大了，大概在一个礼拜前就出生了，另外的两只是在昨天晚上分娩的，因为它们的肚子下面还有一点残留的物质。

　　这些物质到底是什么东西呢？后面我们会来解答。

　　七月份很快就过去了，接下去的八月和九月，再也没有一只雌蝎子生下孩子。这儿还有一些雌蝎子的肚子鼓鼓的，我以为它们马上就会有反应，结果却令我很失望，它们要等到来年的七月份了。这么看来，蝎子的怀孕期相当的长，这在低等动物中间是十分少见的。

　　我把蝎子妈妈和孩子们分别装进了试管里，以便更好地对它们进行观察。结果我在蝎子妈妈的肚子下面发现了那种物质，这种物质可以完全推翻书本上的知识。书上说蝎子是胎生的，这是不准确的。实际上刚出生的小蝎子不可能拥有和大蝎子一样的形态，就算只是根据常理也可以想象，它们的那些螯钳、尾巴、腿脚怎么可能穿过卵道呢？它们出生的时候一定是被什么东西包裹着，才能顺利地滑出卵道。那些残留的物质就是卵膜。小蝎子缩得非常小，把螯钳压在胸口上，尾巴贴住肚子，腿和脚则尽量缩起在身子两侧，它的整个身体包裹在卵膜的液体里面。这就是它出生时候的环境，也就是说蝎子是卵生而不是胎生的。

　　接下来，让我们看看小蝎子是如何从卵里面出来的。原来是蝎子妈妈用自己的大颚咬住卵膜，用力地撕扯，把它和新生的宝宝分离开来，再吞到肚子里，就像母羊会吃掉包住羊宝宝的胎膜一样。简直让人难以相信，蝎子的分娩跟人类是那么的相似，只是后来高等动物们将卵的孵化不放在体外进行，在妈妈的肚子里就完成罢了。

　　如果羊妈妈不把胎膜弄破吃掉，那么它的孩子将无法从里面出来，小蝎子也是这样，当它们在卵膜里的黏液中时是非常虚弱无力的，自己没有能力弄破那层薄膜。刚出生的鸟宝宝会用自己的尖嘴啄破蛋壳自己出来，但是小蝎子却只有依靠自己的母亲。当孩子们全部都出生以后，一切都看起来干干净净的，什么都没有留下，那些卵膜都在蝎子妈妈的肚子里了。

现在小蝎子们都自由了，它们一只一只顺着妈妈平放在地上的螯钳，爬到了妈妈的背上，蝎子妈妈呢，就一动都不动，享受着这美妙的时刻。接下来，我又开始了一个实验。

我用一根麦秆靠近那些背上的小蝎子，蝎子妈妈立刻就举起了它的大螯钳，作出准备出击的样子，但是并没有翘起尾巴，大概是怕动作太大，上面的孩子有可能会掉下来吧。不过我没有理会这对武器，还是把一只小蝎子给拨了下来，蝎子妈妈看起来一点也不为它担心，依然一动不动。这只小蝎子很快就找到了妈妈的螯钳，爬上去回归了队伍。

接着我扩大了实验的规模。我把一群小蝎子都弄了下来，离开母亲不远，它们不知所措地开始乱跑，蝎子妈妈犹豫了一会儿终于忍不住了，它非常粗鲁地用自己的前肢把孩子聚拢来，拨回到自己的身边，小蝎子们趁机再一次爬到妈妈的背上。除了自己亲生的孩子以外，如果我把一群小蝎子放在一只背上已经背了自己孩子的蝎子妈妈附近，它依然会用双臂把它们拨回自己身边，让它们爬上来，并不是它善良，而是像狼蛛一样笨，它根本分不清自己的孩子。

小蝎子们必须安静地在妈妈的背部待上一个礼拜左右的时间，刚出生的时候它们外形的轮廓还比较模糊。它们如果要长大，还需要脱去一层外皮，这和蝎子真正的蜕皮不是一回事，它们不会像成年蝎子那样裂开一条缝隙，最后留下一个完整的外壳，小蝎子们的蜕皮，剥落的只是一些外皮的碎片而已，这有助于它们的行动更加自由，体形更加美观，最令人惊讶的是，脱完皮，它们好像一下子长大了，身体的长度比原来增加了一半，个头有原来的三倍大。这是为什么呢？小蝎子并没有吃任何东西，而且个头虽然长大了，但是体重并没有变。这个问题我无法回答，还是期待别人的答案吧。

那些它们脱落的白色外皮会粘在妈妈的背上，变成一个个松松的毯子，小蝎子就坐在上面，要等到它们全从那儿离开，这些碎皮才会自动脱落。这时候的小蝎子体色是金黄的，螯钳闪着琥珀色的光泽，看起来真美啊！

小蝎子们等待着长大和准备着离开妈妈，总共加起来会在妈妈背上待上两个礼拜的时间，那么它们在这段时间里都不吃东西吗？于是我把一只蝗虫喂给蝎子妈妈，它只是自己咀嚼着，一点也不管那些小蝎子。如果小蝎子的胃口已经开了，它们很适合吃一些像蝗虫这样肉质鲜美又柔软的食物，但是为什么蝎子妈妈只是自己吃，别的一概不管呢。

小蝎子啊小蝎子，你们给我带来多么大的快乐啊，将来你们会去哪里呢？会吃些什么呢？总有一天，我会把你们送回到你们原来生活的地方，在那里，将会有另一番生活场景等待着你们。

萤火虫

　　说到萤火虫，相信没有人会不熟悉它，在炎热的夏日夜晚，在草丛里，这种神奇的小动物，肚子点着一盏忽闪忽闪的灯，四处游荡着。古希腊人把它叫做"朗比里斯"，意思是尾巴上挂着灯笼的人，这样美好的描述使它的学名听起来差远了，它的学名是"发光的蠕虫"。说到"蠕虫"其实是不太准确的。单从表面看的话，萤火虫根本就不像蠕虫，你看，它有三对用于爬行的短腿，到了成虫的阶段，它就披上鞘翅，俨然就是真正的鞘翅科昆虫。法语中有一种说法叫"像蠕虫那样一丝不挂"，不过你看萤火虫穿着一身硬硬的壳，身体呈棕栗色，胸部是可爱的粉红色，边缘还有零星的棕红色小斑点呢，以上的种种都可以用来证明它不是蠕虫。

210

　　我们还是不要再来谈萤火虫的名称了，来看看它都吃些什么吧。对于动物来说，不管它是大型的，还是小型的，食物都是最重要的。萤火虫虽然看起来性格温和，没有什么攻击性，但是事实上它是肉食动物，捕猎时的手段残酷得惊人。它最爱吃的食物是蜗牛。

　　萤火虫的捕猎方式堪称一流，是独一无二的，几乎没有任何动物能与之媲美。就像医生做手术前的准备工作那样，萤火虫在吃食物的时候会先把它麻醉。一般来说，萤火虫吃的蜗牛个头都不大，中等，像是变形蜗牛，这种蜗牛常常出没在路边的麦秆或者是植物的枯枝上，不过萤火虫对其他的捕猎场所也很熟悉，比如水沟，那里是软体动物的乐园，它也在地上捕猎。知道了它喜爱的食物，对于我们饲养萤火虫就提供了很大的便利。

　　我把萤火虫和蜗牛放进一个敞口的玻璃瓶子里，这些蜗牛主要是变形蜗牛，大小中等，是萤火虫的最爱。下面让我们耐心地等待，看看会出现什么状况吧。

　　蜗牛的身体一般都会缩进壳里，只露出一点皮肉，萤火虫先是围着它四处转悠，接着放出自己的麻醉针。那是由两片弯曲成獠牙的大颚组成的，非常小，十分锐利，要用放大镜才能看见。于是萤火虫用自己的麻醉针轻轻地敲击着蜗牛裸露在外的皮肤，像是一个好朋友在亲昵地和它玩耍，用手指轻轻地捏对方一下。这儿捏一下，那儿再捏一下，就这么捏了五六次，蜗牛就失去知觉了，一动都不动。虽然捏的次数不多，但是蜗牛很快就动不了了，我们知道，是因为萤火虫用自己的毒牙把毒液注射进了蜗牛的身体里。

当萤火虫刚刚刺过蜗牛裸露在外的皮肤几下时，我就立刻把蜗牛带走，再用细针刺它那部分，它完全没有反应，没有一丝的颤动，已经被彻底麻痹了。我还碰巧看到过正在路上行进的蜗牛突然遭到萤火虫的袭击，突然它的举止十分怪异，看得出来它是受到了刺激，接着，就停下来不动了，整个身体都瘫下来，停留在这个状态，保持了很久。

这只蜗牛就这么死去了吗？不，我有办法使它"复活"。我把这只蜗牛隔离了起来，给它好好洗了个澡，过了两天它慢慢地苏醒过来，身体的各项机能也恢复了运作，它只是受到了麻醉而已。有很多肉食性的膜翅科昆虫都是喜欢先麻醉猎物，然后才开始进食。动物的这项高超的麻醉技能领先了我们人类很多。

蜗牛是一种性格特别温和的动物，不会对对手产生任何的威胁，也不会主动挑起战斗，那么，为什么萤火虫还要用这种方式来对待它呢？我想我知道原因。如果蜗牛是待在地上的，那么要攻击它是十分容易的，因为蜗牛的壳是没有盖的，在地上时它的上半身几乎全部裸露在外。但是蜗牛却非常喜欢待在高高的树上，它会牢牢地吸附住树干，所以萤火虫在捕猎的时候要非常小心，一下一下轻轻地刺它，进攻不能太过猛烈，否则它就会掉下去，这样猎物也就没有了，最好的办法就是把它麻醉，让它睡着，这样萤火虫就可以安静地享用自己的大餐了。

那么萤火虫该怎么吃蜗牛呢？难道真的是把它切碎了一块一块吃下去吗？我可从来没在萤火虫的嘴边发现过碎肉屑。其实萤火虫采取的方法跟蛆虫很接近，会将食物转化成稀稀的流质再吸食。一只萤火虫将蜗牛麻醉了以后，陆陆续续会有很多其他的萤火虫来到这里分享这顿美食，它们就这样大吃了一顿以后，过了两三天再把它翻个身，这时候蜗牛壳里的液体就会流出来，它们继续大吃，直到差不多把壳掏空挖尽为止。

萤火虫会不断地咬蜗牛，从嘴里释放出分解动物肌肉的液体，这些分解液就是通过两颗毒牙渗出来的，同时这两颗獠牙还有其他的功效，用放大镜仔细看的话，能够看出这两颗牙当中是空心的，它们可以不断地吸食猎物体内的液体，直到把猎物吸干为止。

萤火虫捕猎的时候将一切都做得非常精确，尽管有时候蜗牛的平衡会十分不稳定。那些在我瓶子的蜗牛常常粘在玻璃上，而它们又十分珍惜自己的黏液，所以很容易就会掉下来。萤火虫进食完成离开之后，整个蜗牛壳都是空的，而且它是只依靠微量的黏液贴附在玻璃上面，甚至连位置都一点没移动过。可想而知萤火虫麻醉的技巧是多么的高超，同样，它吸食猎物的手段是多么的高明啊！但是当蜗牛爬到很高的玻璃表面时，单凭萤火虫短短的腿是无法攀附住光滑的表面，然后精确地找位置麻醉蜗牛的，这时候，它就需要借助其他的工具，而它的确是拥有这样的器官的。

在它的尾巴上有一个白色的点，放在放大镜下看，能够看到那十二根肉刺，它们时而张开，时而合拢，萤火虫能够用它吸附在光滑的玻璃表面，支撑住自己的身体。这个东西还有其他的用途，那就是当做清洁工具，可以把自己身上的每一个部位都扫干净。

如果萤火虫只会利用麻醉技术来猎取食物，那没有什么了不起的，也不会那么受追捧。特别之处在于，它还有一盏发亮的灯，让自己成为黑夜的焦点。

雌萤火虫的发光器长在身体的后三节部分，前两节占的比例大，呈带状，第三节上只有很小的一块可以发光，像两个亮点，光从后背发出，我们可以从它的后背和肚子看到这些光，美丽的白色中透着一点微微的蓝。

前两节像带状的那部分的光最强最亮。对雌萤火虫来说，那些光是它长大成熟的标志，现在它可以进行交配了。但是它没有长出翅膀，也不会飞，虽然一直保持着幼虫的形态，但是它能发出明亮的光。那么雄萤火虫呢，当它们发育的时候，会长出鞘翅和翅膀，同样和雌萤火虫一样，只有尾部最后一节散发着淡淡的光。这些灯光就是萤火虫家族的标志。

萤火虫的发光器主要是依靠呼吸来运作的，发光器内部有一层白白的颗粒状物质，形成一个白色涂层，那这些到底是什么物质呢？

我最先想到的是磷，但经过试验这是错误的。答案很显然不在这里。那么萤火虫是不是能根据自己的意志控制光的强弱或者明灭呢？它自然有自己的一套方法。发光层里的空气流量越多，萤火虫的光就越亮，它只要控制空气进入的量，就能控制亮度，或者使灯彻底熄灭。萤火虫只有受到外界的刺激的时候，光才会变得很暗，或者完全熄灭。

我拿枪在饲养着萤火虫的金属罩子里放了一枪，萤火虫的光没有受到任何影响，我又用喷雾器朝它们喷水，也不起作用。我又朝里面喷烟，这一次有几盏灯熄灭了，但是时间非常短，它们很快平静过来，又亮起了灯。看得出来，萤火虫能够随意控制自己灯光的亮度。我取下一片萤火虫身上的发光碎片，把它放进试管里，与空气阻隔，它还能发出光来，只是没有在萤火虫身上的时候亮。

雌萤火虫身上的亮光是用来吸引雄萤火虫的，召唤它的男伴前来进行交配。但是我们知道，萤火虫的灯光是在腹部和尾部处的，而它们又都是朝下的，那些被召唤的雄萤火虫却都是在上空飞舞的，它们怎么可能看到姑娘们发出的邀请呢？

不用担心，姑娘自然会克服这个难题。每当夜幕降临的时候，这些萤火虫姑娘会爬到罩子里的百里香丛高处的枝条上，在那些显眼的地方不停地扭动自己的尾部，一会儿去这边，一会儿往那边，这样，那些经过这附近的萤火虫小伙子就能够一眼就看到这求爱的信号。

那么萤火虫小伙子会用什么办法来求爱呢？它们有一种非常特别的器官，在老远的地方就能捕捉到微弱的光线。萤火虫交配的时候，尾部的灯光会显得非常微弱，只有最后一小节亮着。在交配完成后，雌萤火虫就要产卵了。那些白色圆形的卵就被萤火虫妈妈随便地产在了地上，或者是一片树叶上，真是太草率了。令人感到惊讶的是，萤火虫的卵也是会发光的。这种光来自于萤火虫妈妈卵巢中排出来的卵串，就算萤火虫还没有到分娩的时候，那些，卵巢里的光也已经透出来了，那是一种美丽的乳白色光芒。

卵孵出来不久，萤火虫宝宝的尾部无论雌雄都有两节会发亮的小灯，在严冬来临的时候，它们就钻进土里三四寸的地方，躲起来御寒。就算是在那些最寒冷的日子里，我从土里挖出的那些萤火虫宝宝的小灯还在发着光。四月份快到的时候，它们就从地底下爬上来，继续发育长大，直到长成一只大萤火虫。

灯光伴随着萤火虫的一生，卵和幼虫都会发光，雌萤火虫长大以后能发出非常明亮的灯光，而雄萤火虫却只是保留幼虫时候发光的那两小节尾部，雌萤火虫的灯光我们已经知道有什么用处了，那么其他动物的灯光又会用来做什么呢？我并不知道。动物身上还有很多的秘密，需要我们去探寻，又或者将永远变成一个谜。

名师导读

名著概览

　　如果你在法国南部的乡间遇到一个头发花白，头戴大草帽，穿着朴素衣服，嘴边还挂着孩子般纯真笑容的小老头，你一定会感到奇怪，因为他手里还捏着一个捕昆虫的网袋工具，这时候也许他会冷不丁地从裤子口袋里掏出几个硬币或者糖果伸到你面前，邀请你和他一起去抓那些有趣的小虫子，这个小老头就是法布尔。法布尔的一生充满了传奇的色彩，他上学的时间很短，坚持自学，成功地获得了多项学士学位和博士学位，并掌握了希腊语和拉丁语，在绘画、诗歌和文学等方面也有很大的造诣。但是最使他名声大噪的就是这部《昆虫记》，人们称他为"昆虫界的荷马"以及"科学界的诗人"。这部《昆虫记》一共有十卷，详细阐述了昆虫生活习性的方方面面，如繁殖、筑巢、捕猎等等，几乎融入了他毕生的心血。当然，这部巨作并不单单只是关于昆虫的科学类图书，向人们传达着科学的客观和严谨精神，它还是一部赞美生命的宏伟著作，蕴含着深刻的人文精神和独特的作者情怀，文学性的语言，优美中又饱含诙谐轻快，带领读者徜徉在科学和文学的海洋。法布尔对于生命和价值的思考，对于大自然和生活的热爱值得我们深思，他在观察昆虫时采用的研究方法，勇于追求真理和锲而不舍的精神更是影响了一代又一代的孩子和大人。著名的"童话诗人"顾城就是《昆虫记》的狂热爱好者。昆虫的世界带来科学的洗礼、生命的喜悦和浪漫的诗意，不管是大人还是小孩都应该来读一读这本书。

知识梳理

1. 红蚂蚁大军如果遇到一个黑蚁巢，就会立刻钻进黑蚁的蛹房，用不了多久就能带着黑蚁的蛹出现。虽然黑蚁们誓死抵抗，但最终还是失败了。

2. 在寓言故事里面，在夏天的时候，蝉什么也不干，一直都在快活的歌唱，而勤劳的蚂蚁则在忙碌地储备粮食，冬天来临的时候，蝉去向蚂蚁借粮食而遭到蔑视。

3. 山蝉和红蝉的发声器官没有音室也没有音窗，矮蝉是体形最小的蝉了，大约只有两厘米长，它的音钹是透明的，在上面有三根不透明的白颜色脉络，它也没有<u>音室</u>。

4. 螳螂的巢一般都比较大，位置也很明显，当地农民叫它<u>梯格诺</u>。普罗旺斯的乡间药典还把它当成是可以治疗<u>冻疮</u>的良药。在螳螂的世界里有非常残忍的传统，新婚之夜过后，<u>雌螳螂</u>就会把<u>雄螳螂</u>吃掉。

5. 到<u>十月份</u>的时候，第一批寒潮来临，田间蟋蟀才开始建造自己的地洞，它用<u>前腿</u>刨着土，用钳子似的<u>大颚</u>把大颗的石子夹出来，用长着两排锯齿的<u>后腿</u>踩踏着土地，它会一边倒退，一边耙地，把没用的泥土扫到一边去，摊成一个斜斜的<u>坡面</u>。进展很快，只需<u>两个小时</u>，它就完全消失在地洞里了。

6. 蝗虫是很多动物的美食，比如<u>火鸡</u>、<u>母鸡</u>、<u>普罗旺斯白尾鸟</u>，还有一些爬行动物像<u>眼状斑蜥蜴</u>，河里的鱼也很爱把它当做食物，就连我们<u>人类</u>也吃过它，哈里发·欧尔麦声称他可以吃掉一篮子的蝗虫。《圣经》里的<u>圣约翰</u>在沙漠中就是靠吃蝗虫和野蜂蜜存活的。

7. 黑腹狼蛛的身材不大，<u>腹部</u>长着黑色的丝绒毛和褐色的条纹，<u>腿部</u>有一圈圈灰色和白色的圆圈斑纹。它最喜欢住在开满<u>百里香</u>的干燥多石的<u>沙地上</u>。狼蛛的居所大约有<u>一尺深</u>，<u>一寸</u>宽，是它们用自己的<u>毒牙</u>挖成的，刚挖的时候是<u>垂直</u>的，后来才渐渐地<u>转弯</u>。洞的边缘有一堵矮墙，是用<u>稻草</u>、<u>细枝</u>和一些<u>小石头</u>筑成的，它们会把自己附近的一些枯吐收拢起来，吐出<u>细丝</u>把柏叶固定住。

8. 书上说蝎子是<u>胎生</u>的，这是不准确的。它们出生的时候被一层<u>卵膜</u>包裹着。小蝎子缩得非常小，把<u>螯钳</u>压在胸口上，<u>尾巴</u>贴住肚子，腿和脚则尽量缩起在身子两侧，它的整个身体包裹在液体里面，这就是它出生时候的环境，也就是说蝎子是<u>卵生</u>而不是<u>胎生</u>的。

9. 雌萤火虫的发光器长在身体的<u>后三节</u>部分，<u>前两节</u>占的比例大，呈<u>带状</u>，<u>第三节</u>上只有很小的一块会发光，像两个亮点，光从<u>后背</u>发出，美丽的<u>白色</u>中透着一点微微的蓝。<u>前两节</u>上的那部分的光最强最亮。雌萤火虫身上的亮光是用来<u>吸引雄萤火虫</u>的。

我问你答

1. 这本《昆虫记》里记载了很多种昆虫，说说看你最喜欢哪一种昆虫，为什么？它的哪方面最吸引你呢？

2. 雄性的大孔雀蝶到底是根据什么来准确地判断雌蝴蝶的位置的？法布尔一共做了哪几次实验才得出结论的？

3. 你喜欢蟋蟀的房子吗？聪明灵巧的蟋蟀是怎么建造它的？完工后它是什么样子的？

4.读了这部《昆虫记》以后，你得到的最大的启迪是什么？如果要介绍给其他人读，你会怎么对他说呢？

图书在版编目（CIP）数据

昆虫记 /（法）法布尔 (Fabre, J.H.) 著；陈月改写 . —— 南京：南京大学出版社，2013.6（2017.6 重印）

（新课标经典名著：学生版）

ISBN 978-7-305-11675-9

Ⅰ . ①昆… Ⅱ . ①法… ②陈… Ⅲ . ①昆虫学—青年读物 ②昆虫学—少年读物 Ⅳ . ①Q96-49

中国版本图书馆 CIP 数据核字 (2013) 第 131946 号

出版发行 南京大学出版社
社　　址 南京市汉口路 22 号　　邮　编 210093
出 版 人 金鑫荣

丛 书 名 新课标经典名著·学生版
书　　名 昆虫记
著　　者 （法）法布尔
改　　写 陈　月
责任编辑 高　彬　蔡冬青

照　　排 南京理工大学资产经营有限公司
印　　刷 北京中印联印务有限公司
开　　本 880×1230　1/32　印张 7.125　字数 130 千
版　　次 2013 年 6 月第 1 版　2017 年 6 月第 8 次印刷
ISBN　978-7-305-11675-9
定　　价 18.00 元

网　　址：http://www.njupco.com
官方微博：http://weibo.com/njupco
微信服务号：njuyuexue
销售咨询：（025）83594756